KB242338

handmade series 1

엄마 손으로 만든

장난감 99

장지수 지음

CONTENTS

장난감 만들기에 필요한 재료와 도구

이 책에 나온 장난감들을 만들 때 기본적으로 필요한 재료와 도구들을 소개합니다. 만들고자 하는 아이템을 정하고 집에 있는 도구들을 점검해보세요. 가까운 문구점이나 온라인 DIY용품점에서 손쉽게 구할 수 있는 것들만 사용했으니 필요한 재료나 도구를 준비하는 데 어렵지 않을 거예요. ★아주 기본적으로 필요한 줄자, 칼, 가위, 바늘, 접착제, 드라이버 등은 각 장난감 페이지에 일일이 표기하지 않았습니다. 기본 재료와 도구 페이지를 참고하세요.

기본 도구

줄자

치수를 재는 도구. 밑그림을 그리고 원단 또는 나무 등의 재료를 준비하거나 재단할 때 필요하다.

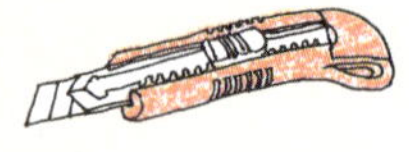

칼과 가위

칼은 얇은 나무 판이나 우드락을 재단할 때나 홈을 파낼 때 쓰인다. 가위는 종이나 펠트, 면 원단 등을 재단하거나 장식용 재료를 자르는 기본 도구다.

만능접착제

일반적으로 '오공본드'나 '목공용 본드(풀)'를 사용한다. 종이는 물론이고 나무와 나무, 원단과 액세서리 등을 쉽게 붙일 수 있다.

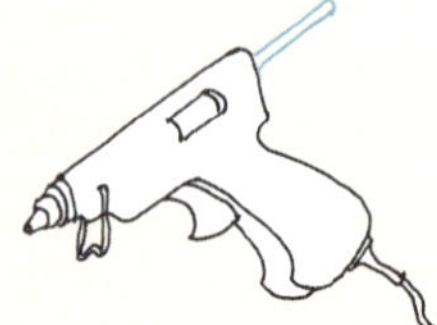

글루건

만능접착제 이상으로 무엇이던 붙이고 고정시킨다. 단, 전기선을 꽂아 뜨겁게 달궈 사용해야 하니 너무 얇은 종이나 원단에는 사용하지 않도록 한다.

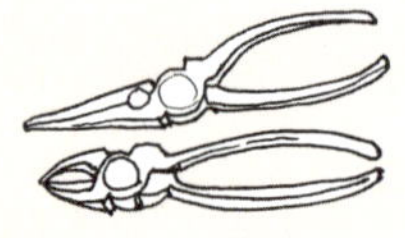

롱 노즈 플라이어와 니퍼

롱 노즈 플라이어는 일명 '펜치'라고 부르는 도구로, 와이어나 가는 못을 구부릴 때 주로 사용한다. 니퍼는 와이어를 자르는 도구.

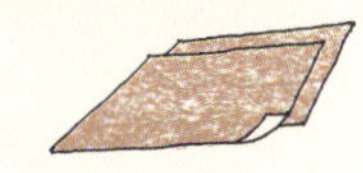

샌드페이퍼

나무의 거친 표면이나 날카로운 모서리를 부드럽게 만든다. 입자의 거친 정도에 따라 80, 150, 220, 400 등으로 나뉘는데 숫자가 낮을수록 거칠다.

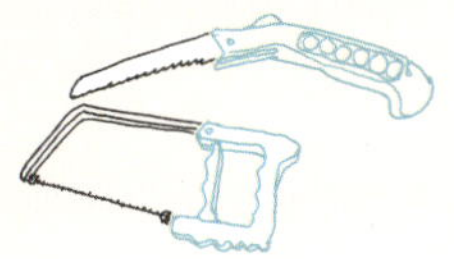

톱

나무를 필요한 크기와 모양으로 자르는 도구. 그 중 '요술톱'이라고 불리는 톱을 사용하면 곡선을 쉽게 자를 수 있다.

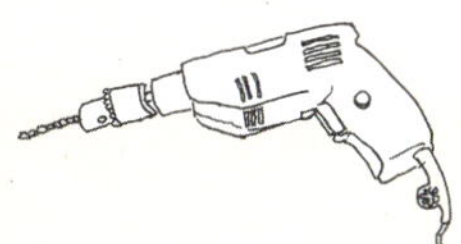

전동드릴

나무나 시멘트 등에 나사를 박거나 철판, 나무 등에 구멍을 뚫을 때 필요하다. 나사를 박을 때는 드라이버 비트를, 구멍을 뚫을 때는 드릴 날을 끼워 사용한다.

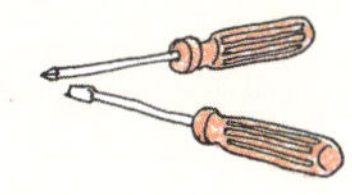

드라이버

나사를 박거나 뺄 때 사용한다. 너무 딱딱한 소재가 아닌 곳에는 수동 드라이버로 가능하다. 나사 머리 부분의 모양에 따라 일자 또는 십자 드라이버를 선택한다.

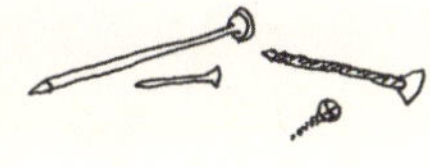

못

나무와 나무를 연결해 고정시키거나 각종 부자재를 부착할 때 사용한다. 일반 못과 나사 못, 콘크리트 못 등으로 나뉜다.

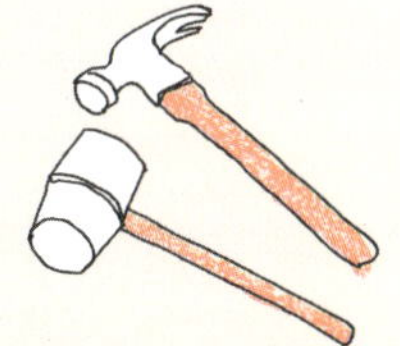

망치

못을 박거나 격자 모양으로 나무 판을 끼워 넣을 때 두드리는 용도로 사용한다. 무쇠 소재의 망치는 주로 못을 박을 때 사용하고 반대쪽에는 못을 빼는 갈고리도 달려 있다. 둥그스름한 모양의 고무망치는 나무 판과 같이 넓은 면적을 두드려 맞추기에 적합하다.

젯소와 바니시

젯소는 페인팅 효과를 높인다. 특히 페인트가 잘 발리지 않는 표면에는 젯소가 필수. 페인팅이 완전히 마른 다음 바르는 바니시는 변색이나 나무의 변형을 방지한다. 무광, 반광, 유광 중에서 선택한다.

페인트

나무에 색을 입히는 기본 재료. 페인트는 얇게 여러 번에 걸쳐 칠해야 얼룩이 생기지 않고 색깔도 제대로 표현된다. 특히 아이 장난감을 만들거나 집 안에서 쓸 물건을 만들 때는 반드시 '친환경 페인트'를 사용한다.

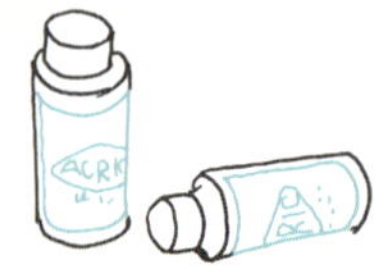

아크릴물감

작은 소품을 칠하기 좋다. 여러 가지 컬러를 손쉽게 섞어 사용할 수 있고 다양한 소재에 적합하다.

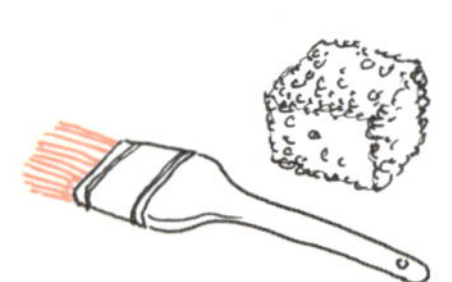

붓과 스펀지

페인트나 물감을 칠하는 도구. 붓은 젯소나 물감, 페인트, 바니시 등을 넓은 면적에 바를 때 편리하고, 스펀지는 물감이나 페인트를 묻혀 표면에 톡톡 찍어낼 때 사용한다.

핸드메이드 작업에 필요한 재료를 쉽게 구입할 수 있는 온라인 숍!

원단류
네스홈 http://www.nesshome.com
패션스타트 http://www.fashionstart.net

펠트
디웨이 http://www.dway.co.kr
태양이네 http://www.etaeyang.com

나무
아이베란다 http://www.iveranda.com

페인트
나무와 사람들 http://www.jeswood.com

각종 부자재
손잡이닷컴 http://www.sonjabee.com
문고리닷컴 http://www.moongori.com
THE DIY http://www.thediy.co.kr

종이
셀통 http://www.celltong.com

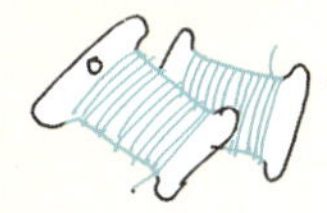

실과 바늘

면·리넨 원단이나 펠트를 꿰맬 때 필요한 기본 재료. 흰색 실이 기본이고 원단 색깔에 따라 색을 선택한다. 자수를 놓을 때는 십자수 실을 사용한다. 버튼홀스티치와 같이 장식을 위해서는 도드라지는 색을 고르기도 한다.

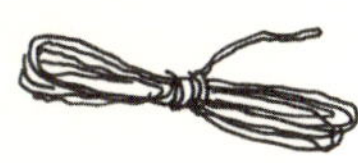

면끈

주머니나 가방 끈, 끌고 다니는 장난감을 만들 때 필요하다. 로프처럼 꼬여 있는 둥근 끈, 가방 끈으로 적합한 납작한 끈 등 모양과 굵기가 다양하다.

솜

인형이나 쿠션, 그 밖의 소품을 만들 때 안쪽을 솜으로 채운다. 부피감 있고 폭신폭신하게 만들 때는 구름솜이나 방울솜을 사용하고, 납작한 면의 원단과 원단 사이에 넣을 때는 평면솜을 사용한다. 두께가 다양하고 한쪽 면이 접착시트로 되어 있는 것도 있다.

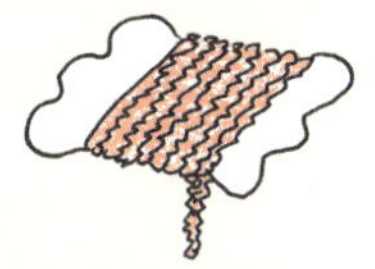

레이스

인형 옷이나 액세서리 보관함, 가방 등의 겉면에 글루건 또는 바느질로 붙여 장식한다. 실을 땋아 만든 토션레이스는 끝단을 처리할 때도 종종 쓰인다.

라벨 테이프

글씨나 그림 등이 프린트 되어 있는 작은 조각 천. 인형이나 가방, 쿠션 등에 바느질로 붙인다.

리폼할 옷

아이가 입던 블라우스나 스커트, 가지고 있던 자투리 원단 등은 훌륭한 리폼 소재가 된다. 예를 들면 아이가 입다가 작아진 블라우스로 인형이나 가방을 만들 수 있다.

페인팅의 기본 순서와 스텐실 하는 법

여기 소개한 장난감들을 만드는 데 그리 복잡한 페인팅 기법은 필요 없어요. 기본적으로 알아두어야 할 페인팅 순서와 스텐실 기법으로 원하는 무늬를 깔끔하게 찍어내는 방법만 알아두세요. 순서대로 한 번만 해보면 어디에나 응용해서 원하는 작품을 만들 수 있답니다.

페인팅 기본 순서

1 페인팅할 곳의 표면을 샌드페이퍼로 문질러 고르게 다듬은 다음 붓을 이용해 젯소를 바른다. 원목 소재라면 생략해도 좋지만 페인트가 잘 칠해지지 않는 곳에는 필수. 바른 후에는 3시간 이상 말린다.

2 젯소가 완전히 마르면 페인트 또는 아크릴물감을 칠한다. 표면 면적에 따라 붓의 크기를 선택한다.

3 페인트가 완전히 마르면 마지막에 바니시를 칠해 표면을 코팅한다. 유광, 반광, 무광 등을 골라 완성된 작품의 분위기를 다르게 표현할 수 있다.

스텐실 기법

1 OHP필름이나 종이에 원하는 모양 도안을 그리고 라인을 따라 오려 그림 부분이 뚫리도록 한다.

2 스텐실로 무늬를 넣을 부분에 필름 또는 종이를 올리고 물감을 묻힌 스텐실용 붓 또는 스펀지로 톡톡 찍어내 무늬를 표현한다.

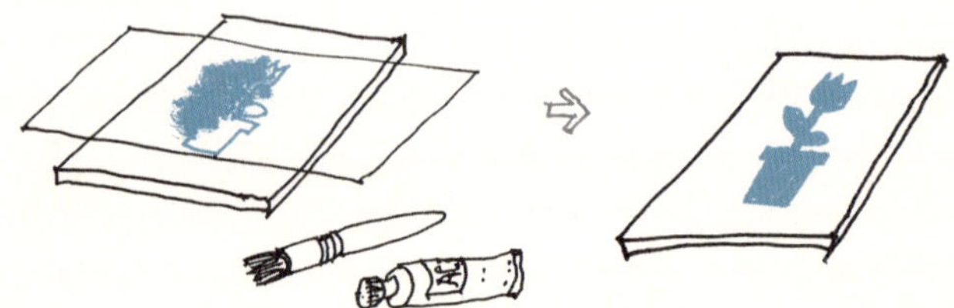

바느질의 몇 가지 기본 기법과 재단하는 법

원단이나 펠트 등으로 장난감과 소품을 만들 때는 바느질이 기본이 돼요. 원하는 모양으로 원단을 재단하는 방법과 몇 가지 바느질 기본 기법을 소개합니다. 홈질, 박음질, 말아박기, 공그르기 등만 알면 가방이나 인형, 액세서리 등을 쉽게 만들 수 있어요.

재단하기

1 종이에 원하는 모양의 도안을 그리고 모양대로 자른다.

2 원단을 펼쳐놓고 오려놓은 도안을 올린 다음 도안보다 사방 0.5~0.7cm 정도 여유를 두고 밑그림을 그린다. 바느질할 때 시접이 될 부분. 원단이 밀리지 않도록 조심하면서 여유 있게 그린 그림대로 자른다. 이때 도안을 시침핀으로 고정시키고 자르면 편하다.

기본 바느질

홈질

바늘땀과 바늘땀 사이에 일정한 간격을 두고 듬성듬성 바느질하는 방법이다. 땀 간격은 2~3mm 정도가 적당하다.

박음질

바늘을 원단의 뒤에서 앞으로 찔러 빼낸 다음 진행방향의 반대쪽으로 되돌려 앞에서 뒤로 다시 찔러 넣는 방법. 한 땀씩 미리 앞으로 갔다가 다시 되돌아와 시작지점에 바늘을 꽂는다. 이렇게 하면 틈이 거의 없이 꼼꼼하고 단단하게 마무리된다.

말아박기

원단 가장자리의 올이 풀리지 않고 깔끔하게 마무리되도록 원단 끝을 안쪽으로 두 번 말아 홈질 또는 박음질하는 방법. 납작한 끈의 양쪽 끝이나 가방 등의 입구를 바느질 할 때 필요하다.

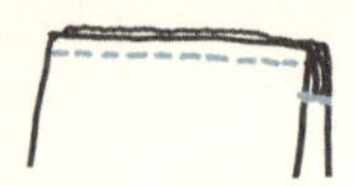

눌러박기

겉감과 안감을 연결한 다음 겉면에서 가장자리를 한 번 더 홈질 또는 박음질해 깔끔하게 마무리하는 방법이다.

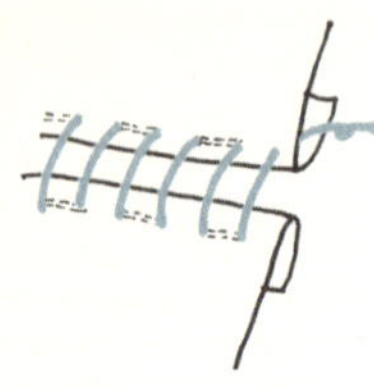

공그르기

창구멍을 막을 때나 작은 모양으로 자른 원단 가장자리를 안쪽으로 접어 넣고 겉에서 바로 아플리케할 때 쓰는 대표적인 방법. 창구멍 시접을 안으로 접은 뒤 위쪽 원단의 시접 안에서 밖으로 바늘을 통과시킨 다음 아래쪽 원단의 시접 밖에 바늘을 꽂고 가로로 살짝 한 땀 뜬다. 그 다음 위쪽 원단의 시접 밖에 바늘땀을 살짝 뜨는 방법을 반복한다. 바늘땀이 최대한 겉에서 보이지 않도록 하는 것이 포인트.

버튼홀스티치

펠트나 두께가 있는 원단끼리 연결하는 방법. 주사위(p.90)처럼 면과 면이 직각으로 이어질 때 유용하고 헝겊 책(p.18)처럼 모서리에 바늘땀이 장식처럼 보이게 하는 방법이기도 하다. ① 2장의 원단을 안끼리 마주보도록 겹쳐 놓고 위쪽 원단의 안에서 밖으로 바늘을 통과시킨다. ② 이어서 아래쪽 원단의 겉에서 안으로 바늘을 통과시키고 바늘땀이 가장자리와 직각이 되도록 바늘을 처음의 시작점과 맞닿는 부분에 꽂는다. ③ 한 땀 아래로 내려간 위치에서 바늘을 아래쪽 원단에서 위쪽 원단으로 통과시킨다. ④ 그림과 같이 바늘에 실을 한 바퀴 감은 다음 바늘을 마저 잡아당긴다.

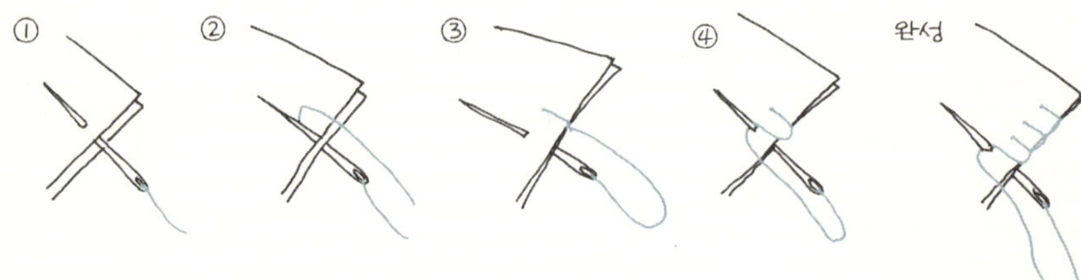

아이들의 창의력을 키우고 절약하는 습관을 길러주는 착한 장난감

기존 재료의 일부 또는 전부를 재활용하는 리폼Reform, 그리고 리폼에 디자인과 기능적 효과를 더해 더욱 쓸모 있고 새로운 물건을 만들어내는 업사이클링Upcycling에 대한 관심이 높아지고 있어요. 오로지 나만의 아이디어와 소재로 세상에 하나뿐인 물건을 만든다는 것은 매우 의미 있는 일이지요. 더불어 지구 환경을 보호하는 일에 작게나마 이바지하는 길이기도 하고요 상품을 과대포장하고 쓸 수 있는 물건을 쉽게 버려 쓰레기가 넘쳐나는 세상에서 가지고 있던 물건을 창조적인 아이디어로 재활용한 장난감을 아이에게 선물한다면 어떨까요? 기발한 아이디어와 정성이 가득 담긴 엄마표 장난감을 곁에 두고 자란 아이는 창의력과 상상력이 풍부해집니다. 쉽게 버릴 수도 있을 물건이 근사한 장난감과 소품들로 변신하는 것은 놀랍고 흥미로운 일이니까요. 자연스레 환경을 위하고 걱정하는 마음도 자라납니다.

기본적인 재활용 방법

- 기존 물건의 색깔을 바꾼다.
- 자르거나 분해해서 새로운 물건으로 조립한다.
- 아이와 함께 이것저것 붙여가며 새롭게 꾸민다.
- 다른 재료를 더해 기존 물건의 기능성을 높인다.
- 못 입는 옷은 자르고 바느질해 인형이나 인테리어 소품으로 만든다.

재활용 재료들의 변신

나무와 상자

상자 뚜껑 ⇨ 쟁반, 액자, 칠판, 벽시계
나무 상자 ⇨ 수납함, 사이드테이블, 스툴, 주방놀이 장난감
서랍 ⇨ 선반, 수납함

음료수 병과 디저트 용기

유리병 ⇨ 양념병, 꽃병, 어항, 조명
캔 ⇨ 작은 수납함, 휴지통, 연필꽂이, 메모꽂이
플라스틱 용기 ⇨ 장난감 악기, 화분, 저금통

종이와 천

벽지 ⇨ 쇼핑백, 편지봉투
옷 ⇨ 인형, 인형 옷, 파우치, 가방, 룸 슈즈, 쿠션

PART 1 아기 소풍

01 딸랑이

아기는 주변 소리에 관심을 가지고 반응을 해요.
딸랑딸랑~ 소리가 나는 쪽을 바라보기도 하고 딸랑이를
손에 쥐고 흔들며 소리 내서 웃기도 합니다.

역할
놀이

놀며
배우기

방
꾸미기

캠핑
놀이

패션
소품

How to Make

- **소재** 펠트
- **실물 크기** 가로 6.5㎝ x 세로 13.5㎝
- **준비물** 두께 0.3㎝ 무늬 펠트 16x16㎝, 구름솜, 딸랑이(납작한 모양)

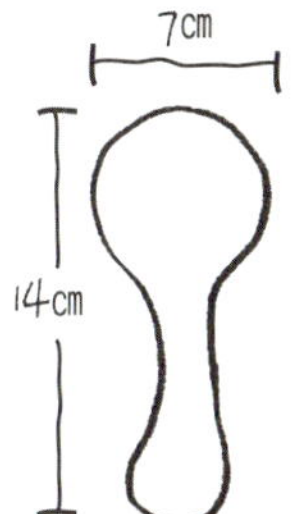

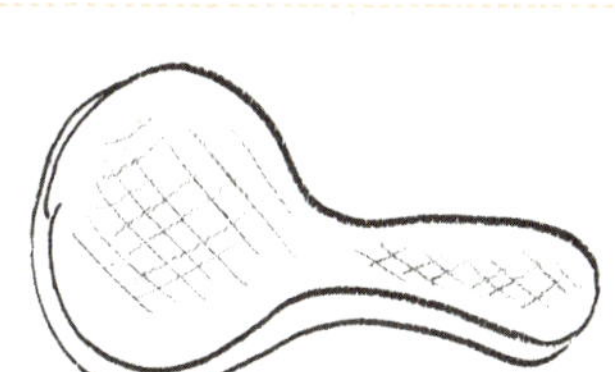

1 펠트를 밑그림대로 잘라 딸랑이 모양을 2장
만든 다음 뒷면끼리 마주보도록 겹친다.

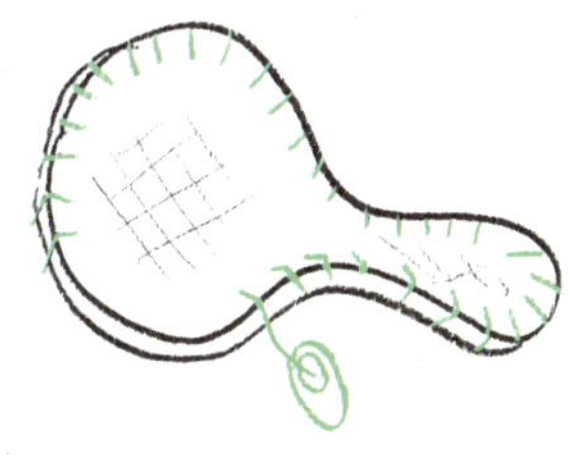

2 딸랑이의 둘레를 따라 버튼홀스티치로
2장을 연결해 나간다.

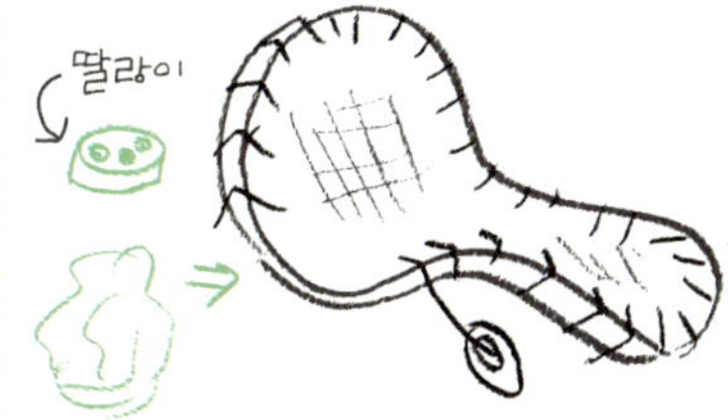

3 버튼홀스티치를 하다가 솜과 딸랑이를 집어
넣고 마저 바느질한다.

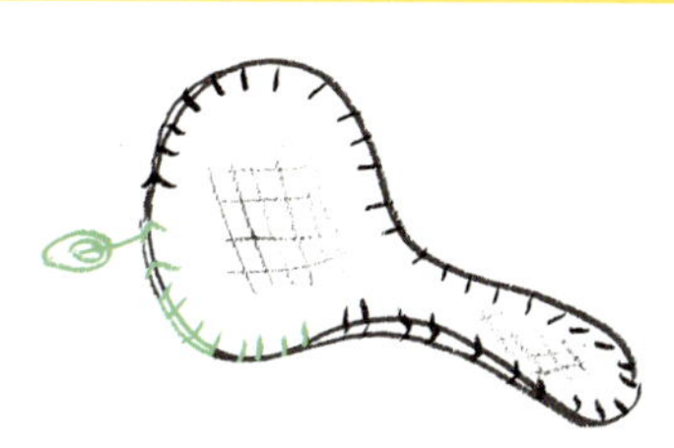

4 끝까지 스티치를 마무리한 다음 실을 매듭
지어 완성한다.

뾰족한 모서리가 없고 펠트로 만들어 어린
아기들이 안전하게 볼 수 있는 책이에요.
과일, 동물, 기타 사물 등 다양한 모양과 컬
러에 흥미를 갖도록 도와줍니다.

How to Make

- **소재** 펠트
- **실물 크기** 가로 10㎝ x 세로 10㎝ x 두께 1㎝
- **준비물** 두께 0.12㎝ 펠트(분홍·노랑·연두·하늘색) 20x10㎝ 1장씩 / 빨강색 21x10㎝ 1장, 여러 가지 색 자투리 펠트, 색색의 실, 벨크로테이프, 글루건

1 20x10㎝ 크기의 펠트 4장을 모두 반으로 접는다.

2 반으로 접은 펠트 2장을 준비해 한쪽 뒷면끼리 서로 겹쳐지도록 붙인다. 만나는 모서리는 버튼홀스티치한다.

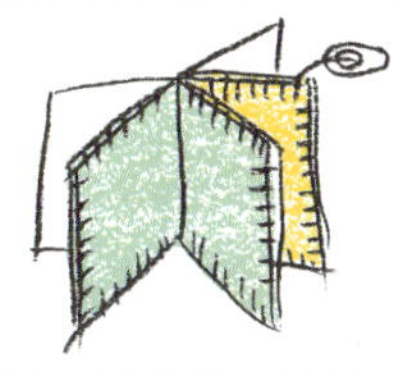

3 다시 다른 1장의 뒷면을 이어 붙여가며 총 4장의 책이 되도록 한다.

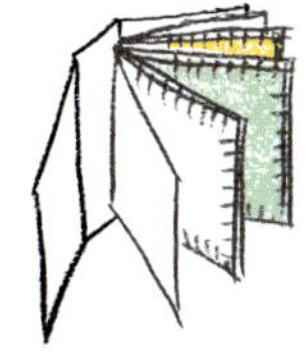

4 페이지가 만들어진 책의 가장 바깥쪽은 21x10㎝ 크기의 빨강색 펠트로 감싼다.

5 책 모서리는 모두 버튼홀스티치로 돌아가며 꿰맨다.

6 자투리 펠트로 책을 여미는 밴드 모양을 만들어 책 뒤표지에 글루건으로 붙인다.

7 밴드가 앞표지와 만나는 지점과 밴드 안쪽에 각각 벨크로테이프를 글루건으로 붙인다.

8 색색의 자투리 펠트를 여러 가지 과일 모양으로 오려 각 페이지마다 글루건으로 붙인다.

03 말랑 공

아기의 첫 장난감은 부드럽고 말랑말랑한 재료로 만들어요.
아기 입에 닿아도 해롭지 않은 오가닉 면 원단이라면 더욱 안심이 됩니다.

How to Make

- **소재**　　　오가닉 면 원단
- **실물 크기**　지름 10㎝(오각형 한쪽 길이 4㎝)
- **준비물**　　무늬 원단 7x7㎝ 12장, 구름솜

2 모서리 한 군데를 남기고 뒤집는다.
무늬가 있는 겉면이 밖으로 나오게 된다.

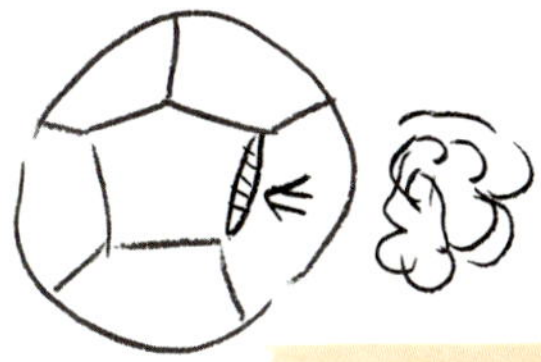

소리 나는 방울을 함께 넣어도 좋아요!

3 구멍으로 솜을 집어넣어 공이 찌그러지지
않도록 고르게 채운다.

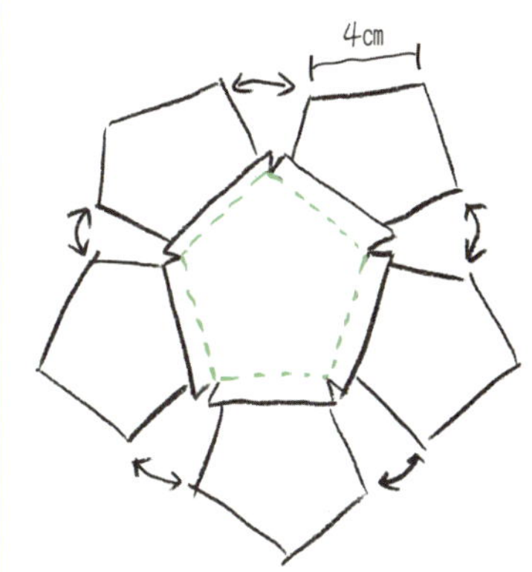

1 원단 뒷면을 펼쳐놓고 각 면이 4㎝인 오각
형을 총 12개 그려 오린다. 이때 시접 0.5㎝
의 여유를 주고 그린다. 재단한 오각형 원
단을 겉끼리 마주 대고 시접 선을 따라 박
음질해 잇는다.

4 공그르기로 구멍을 막고 실을 매듭지어
마무리한다.

04 촉감 담요

아기들은 옷이나 담요 등에 붙은 라벨을 좋아해요.
아기 배를 살짝 덮을 수 있는 작은 담요를 만들고 가장자리에 매끌매끌한
리본테이프를 붙여보세요. 아기가 매일 손에 들고 만지작거리며 놀 거예요.

How to Make

- **소재** 폴라폴리스 원단, 리본테이프
- **실물 크기** 가로(리본 포함) 48㎝ x 세로 28㎝
- **준비물** 폴라폴리스 원단 45x30㎝ 2장, 폭 1㎝ 리본 6㎝ 10개 / 8㎝ 10개, 시침핀

1 45x30㎝로 자른 폴라폴리스 원단 2장을 겉
끼리 마주보도록 겹쳐놓는다. 그림과 같이
원단 사이에 길이가 다른 리본을 섞어 각각
10개씩 끼운다. 이때 리본은 반으로 접어 끼
우고 시침핀으로 고정시킨다.

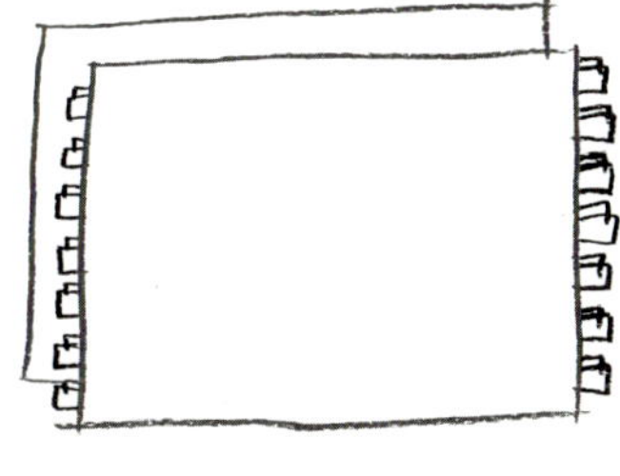

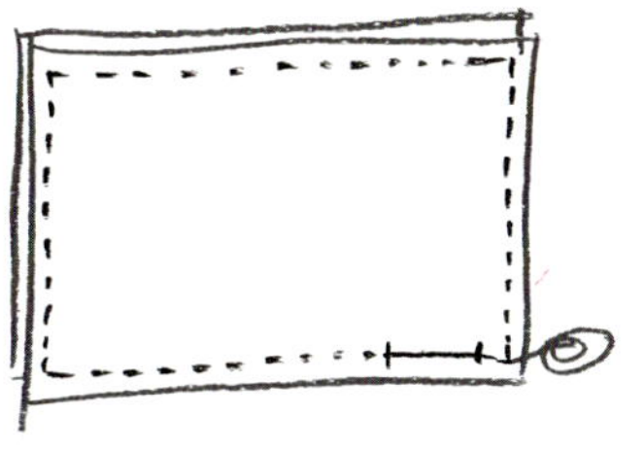

2 창구멍만 남기고 2장을 겹쳐 사방을 박음
질한다.

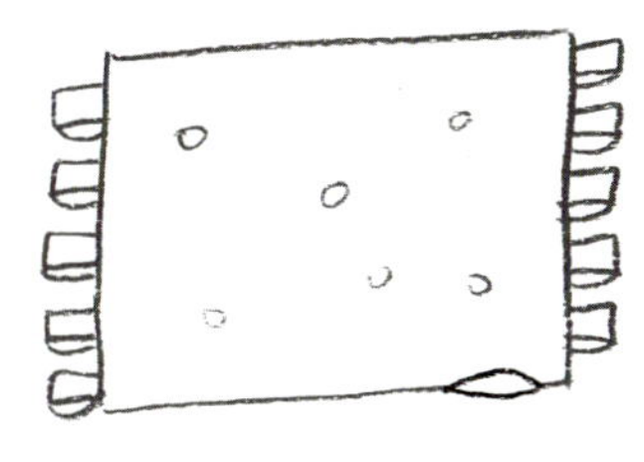

3 창구멍으로 뒤집는다.

4 창구멍을 공그르기로 막고 실을 매듭지어
마무리한다.

05 촉감 인형

애벌레 인형의 동글동글한 마디마다 각각 다른 소리와 촉감이 나는 재료를 넣어 만들어요. 아기가 조물조물 만져보며 다양한 자극을 느끼고 구분할 수 있어요.

How to Make

- **소재**   타월 원단
- **실물 크기**   애벌레 몸통 원 지름 8㎝, 길이 30㎝
- **준비물**   색색가지 타월 원단(지름 20㎝) 5장, 구름솜, 비닐, 딸랑이 2개, 삑삑이 1개, 자투리 펠트,
  장식용 밀짚모자, 글루건

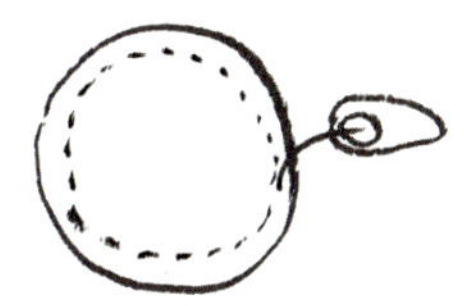

1 지름 20㎝의 원형으로 재단한 타월 원단 1장의 둘레를 듬성듬성 홈질한다.

2 실 끝을 매듭짓지 않고 적당히 잡아당겨 오므린다.

3 원단 안에 솜이나 비닐 또는 솜과 딸랑이를 넣는다.

4 실 끝을 잡아당겨 완전히 오므리고 매듭 짓는다.

5 나머지 타월 원단 4장도 ①~④와 같은 방법으로 만든다. 안쪽에는 솜, 비닐, 솜과 딸랑이, 솜과 삑삑이를 각각 다르게 골라 집어넣는다.

6 애벌레의 얼굴이 될 곳에 자투리 펠트를 잘라 눈과 입을 만들어 글루건으로 붙인다.

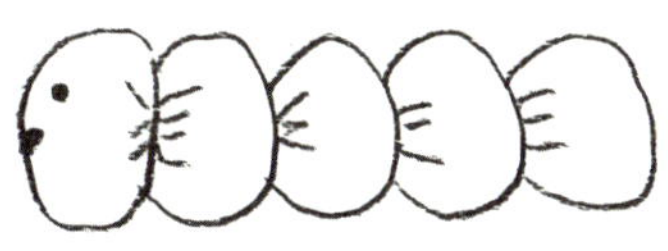

7 얼굴과 몸통, 몸통과 몸통 사이는 모두 공 그르기로 연결한다.

8 밀짚모자를 글루건으로 붙여 장식한다.

06 오뚝이

아기는 쓰러지면 다시 일어나는 장난감이 신기해요. 무게중심 추와 소리
나는 재료가 들어 있는 기존의 오뚝이 볼을 재활용해 엄마표 오뚝이를
만들어주세요.

How to Make

- **소재**　펠트
- **실물 크기**　오뚝이 볼 지름 10㎝, 높이 26㎝
- **준비물**　두께 0.12㎝ 펠트 연분홍색 / 연노랑색 / 하늘색 /
  연두색, 자투리 펠트 주황색 / 검정색 / 빨강색,
  오뚝이 볼 1개, 구름솜, 글루건

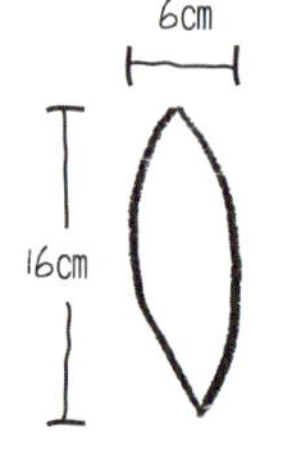

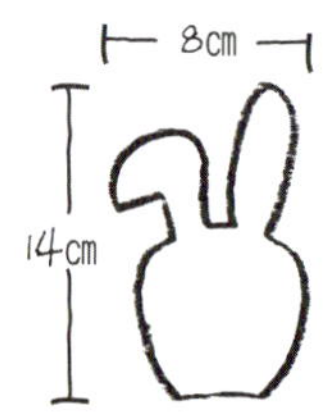

서로 다른 색끼리 연결해 규칙적으로
반복되도록 하세요.

1 연노랑·하늘·연두색 펠트를 그림과 같은
모양으로 각각 2장씩 재단한다. 각각의
펠트를 버튼홀스티치로 연결한다. 마지막
한 면은 남겨놓는다.

2 남겨놓은 구멍으로 오뚝이 볼을 집어넣는다.
이때 무게 중심이 아래쪽으로 오도록 볼을
굴려 자리 잡는다.

3 볼 둘레의 빈 공간은 솜을 넣어 채운 다음
구멍을 버튼홀스티치로 마무리한다.

4 볼 위쪽에 꽃모양으로 오린 주황색 펠트를
붙이고 그 위에 동그랗게 오린 연분홍색 펠
트를 붙인다. 연분홍색 펠트는 1장 더 동그
랗게 오려 볼 아래쪽, 바닥에 닿는 부분에
붙인다.

5 토끼 얼굴 모양으로 오린 연분홍색 펠트 2장
을 겹쳐놓고 버튼홀스티치로 연결한다. 아래
쪽에 구멍을 남겨놓고 바느질한다.

6 남겨둔 구멍으로 솜을 넣어 고르게 채운다.

7 자투리 펠트로 눈과 입을 만들어 토끼 얼굴
에 글루건으로 붙인다.

8 완성된 토끼 얼굴을
글루건을 사용하여
오뚝이 볼 위에 붙인다.

07 아기 앨범

아기 사진을 붙이기도 하고 일기를 쓸 수도
있는 앨범이에요. '포스트'라는 부속을 사용
하면 손쉽게 종이를 바꿔 끼울 수 있어요.
차곡차곡 추억을 모아두었다가 이다음에
아기가 자라면 선물하세요.

How to Make

- **소재**　　　펠트, 보드지
- **실물 크기**　가로 19㎝, 세로 18㎝
- **준비물**　　두께 0.2㎝ 보드지 19x18㎝ 1장 / 2.5x18㎝ 1장, 종이 19x18㎝ 20장,
　　　　　　　두께 0.12㎝ 펠트 노란색 19x18㎝ 2장 / 민트색 2.5x18㎝ 1장,
　　　　　　　자투리 펠트 하늘색/다홍색, 포스트 2쌍, 양면테이프, 글루건

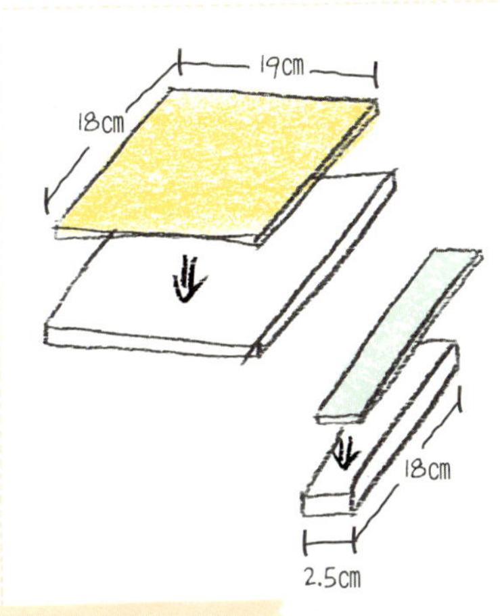

양면테이프를 이용하면 펠트를 쉽게
붙일 수 있어요!

1 19x18㎝ 보드지 1장의 한쪽 면에 노란색
펠트를 붙인다. 2.5x18㎝ 보드지 한쪽 면에
민트색 펠트를 붙인다.

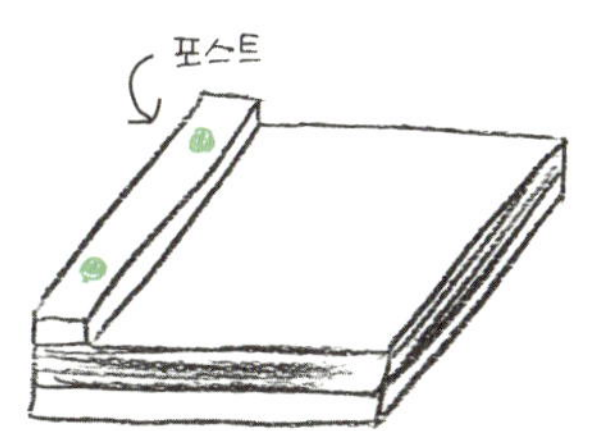

3 구멍 앞뒤로 포스트를 연결해 고정시킨다.

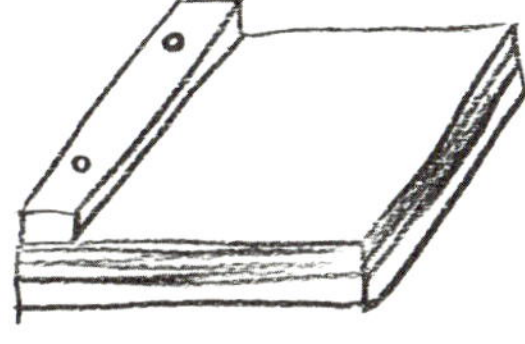

2 19x18㎝ 노랑 펠트에 종이 20장을 올리고
다시 ①의 노랑 펠트를 올린다. 앨범 한쪽
가장자리에 민트색 펠트를 붙인 보드지를
올린다. 차례로 올린 종이들이 움직이지
않도록 고정시킨 뒤 포스트 크기에 맞춰
구멍 2개를 뚫는다.

원하는 모양이나 알파벳, 한글 등으로
꾸며도 좋아요!

4 앨범 앞면에 자투리 펠트를 삼각형으로
잘라 글루건으로 붙여 장식한다.

08 엔젤 티셔츠

날개 달린 티셔츠를 입은 아기를 상상해보세요.
가지고 있던 아기 옷에 앙증맞은 날개 한 쌍만 달아주면 특별한 티셔츠가 됩니다.
100일 기념 촬영용으로도 필요한 아이템이에요.

How to Make

- **소재**   펠트
- **실물 크기**   가로 10㎝, 세로13㎝(날개 1개)
- **준비물**   두께 0.12㎝ 하늘색 펠트 13x16㎝ 4장, 아기 티셔츠 1벌

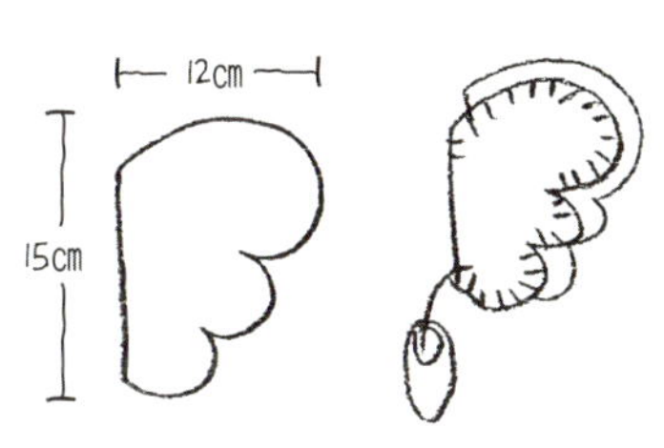

1 하늘색 펠트를 오려 날개를 4장 만든다.
날개 2장을 겹쳐놓고 일직선 부분을 제외한
날개 둘레를 버튼홀스티치로 연결한다.

2 바느질하지 않은 곳으로 솜을 집어넣고
버튼홀스티치로 마무리한다.

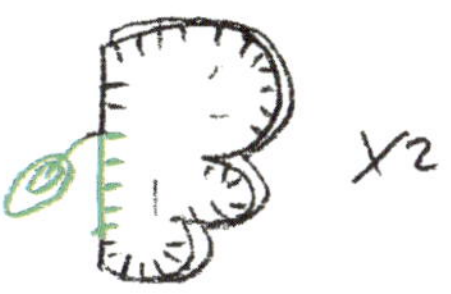

3 나머지 날개 2장도 ①~②와 같은 방법으로
만든다.

4 티셔츠 뒷면에 날개를 붙여 완성한다.

 아기 모자, **보닛**

사랑스러운 모자를 씌워 바람과 자외선으로부터 아기 얼굴을 보호해주세요.
햇빛이 강한 날은 눈이 부시지 않도록 보닛 창을 살짝 내려줘도 좋아요.
겉감과 안감을 달리 하여 양면으로 사용할 수 있어요.

How to Make

- **소재** 오가닉 면 원단
- **실물 크기** 총 가로 16㎝, 폭 8㎝, 높이 10㎝
- **준비물** 겉감(무늬 원단) 55x25㎝ 1장, 안감(연분홍색 원단) 55x25㎝ 1장,
  면 테이프 30㎝ 2줄

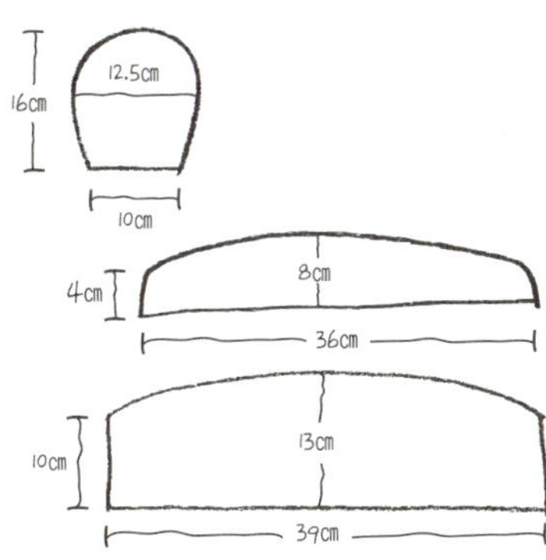

2 보닛 창 부분의 겉감과 안감을 겉끼리 마주보도록 겹쳐놓고 시접 선을 따라 창구멍을 제외한 곡선 부분을 박음질한다. 창구멍으로 뒤집어 가장자리를 눌러박기한다.

1 겉감과 안감을 서로 겉끼리 마주보도록 겹쳐놓고 뒷면에 밑그림을 그려 보닛 각 부분을 재단한다. 각 부분의 시접은 0.5㎝로 여유를 둔다.

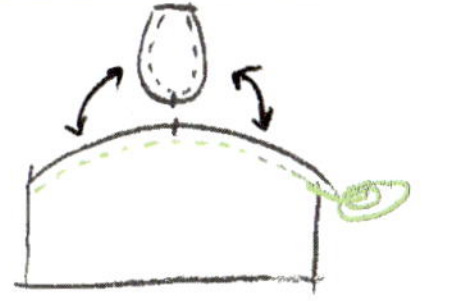

3 겉감의 보닛 몸통 부분과 머리 뒷부분을 겉끼리 겹쳐 박음질로 연결한다. 안감도 같은 방법으로 바느질한다.

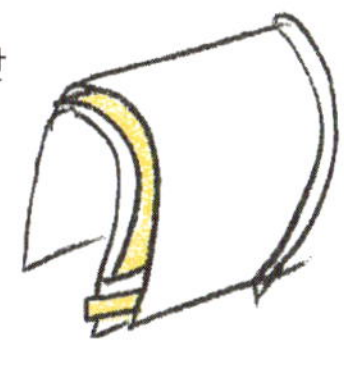

4 겉감과 안감을 뒤집는다. 보닛 모양의 겉감 1장, 안감 1장이 완성됐다.

5 뒤집은 안감 안에 겉감을 넣는다. 이때 안감 안면과 겉감 안면끼리 겹치도록 한다. 겉면이 보이는 겉감과 안감 사이에 보닛의 창 부분과 면 테이프를 끼워 넣는다.

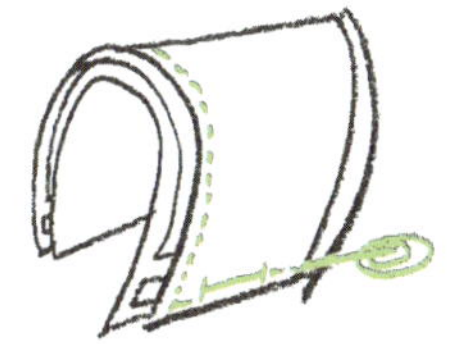

6 창구멍을 제외한 보닛 둘레를 박음질한다. 이때 보닛과 면 테이프가 함께 연결된다.

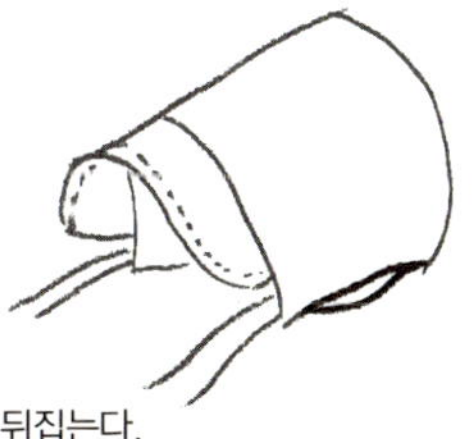

7 창구멍으로 뒤집는다.

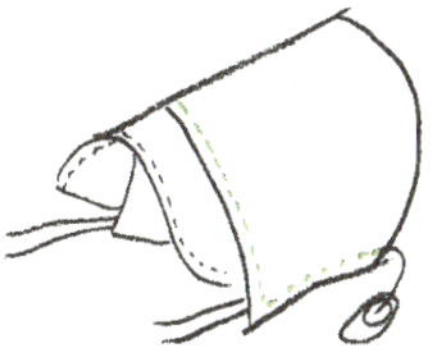

8 보닛 둘레 가장자리를 눌러박기한다.

9 보닛 양쪽에 연결된 면 테이프의 끝부분이 풀리지 않도록 두 번 말아 박음질한다.

10 아기 스카프, 빕

바람이 차갑거나 아기가 감기에 걸린 날은 빕이 꼭 필요해요. 아기 피부에 자극을 주지 않는 부드러운 원단을 골라 엄마 손으로 만들어주세요. 단추 하나만 똑딱 채우면 입히기도 쉬워요.

How to Make

- **소재**   오가닉 면 원단, 폴라폴리스 원단
- **실물 크기**   삼각형 밑면 34㎝, 높이 20㎝
- **준비물**   무늬 원단 36x22㎝ 1장, 폴라폴리스 원단 36x22㎝ 1장, 스냅단추 1쌍

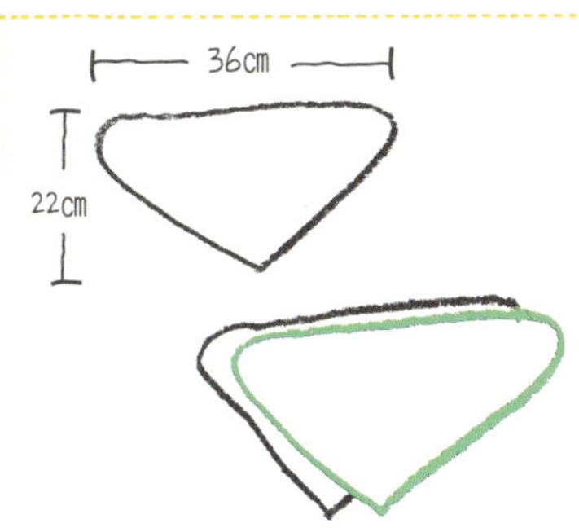

1 겉감과 안감에 빕 모양을 그려 각각 1장씩
재단한 다음 겉감과 안감의 겉끼리 마주보
도록 겹쳐놓는다.

2 창구멍만 남기고 빕 둘레를 따라 박음질
한다.

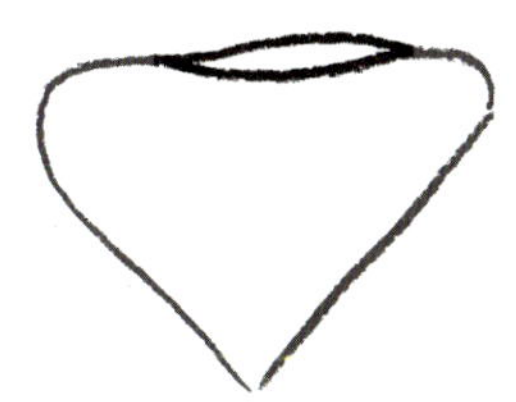

3 창구멍으로 뒤집는다.

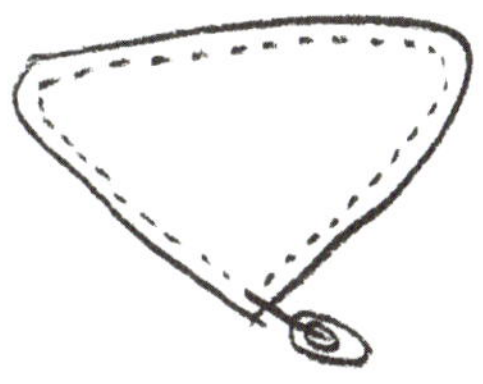

4 빕 둘레를 따라 가장자리를 눌러박기한다.
이때 창구멍까지 마무리된다.

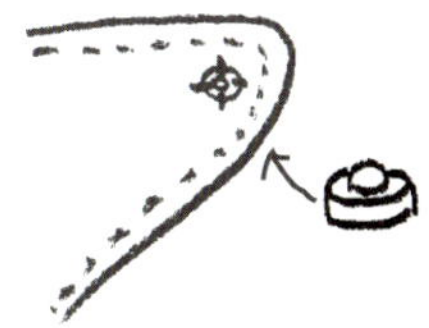

5 빕의 겉면 왼쪽 끝에 스냅단추의 볼록 올라
온 부분을 꿰매 달아준다.

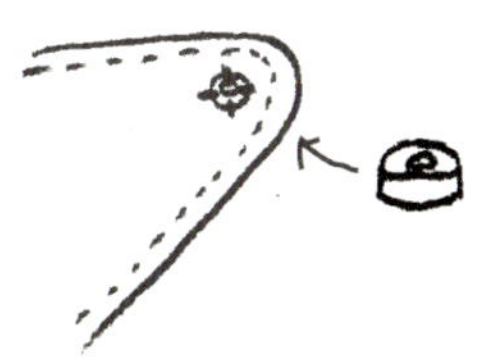

6 빕의 안쪽 면 오른쪽 끝에 스냅단추의 구멍
있는 부분을 꿰매 달아 빕을 완성한다.

11 룸 슈즈

아장아장 걷기 시작한 아기에게 실내에서 신는 룸 슈즈를 선물하세요.
패션의 완성은 슈즈! 발을 다치지 않게 보호하는 역할도 한답니다.

How to Make

- **소재**　　　오가닉 면 원단
- **실물 크기**　신발 폭 7㎝, 길이 12㎝, 높이 4㎝
- **준비물**　　겉감(연민트색 무늬 원단) 42x16㎝ 1장, 7x3.5㎝ 1장,
　　　　　　　안감(진민트색 무늬 원단) 60x16㎝ 1장,
　　　　　　　미끄럼방지원단 18x14㎝ 2장, 고무줄(폭 1㎝) 5㎝ 2줄

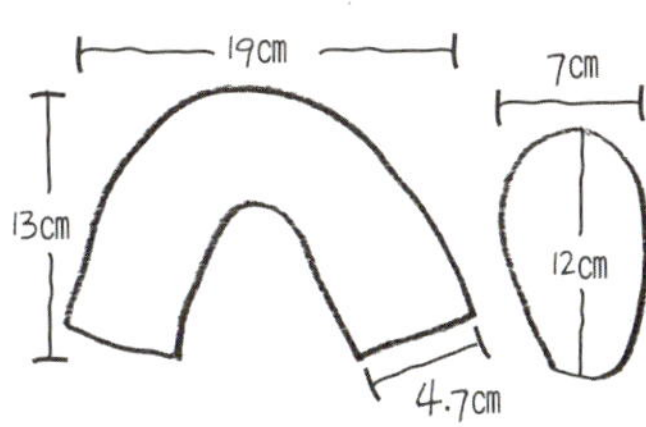

1 겉감이 될 연민트색 무늬 원단과 안감이 될 진민트색 무늬 원단을, 발바닥이 될 미끄럼 방지 원단에 그림과 같이 도안을 그린 다음 시접 0.5㎝를 남기고 재단한다.

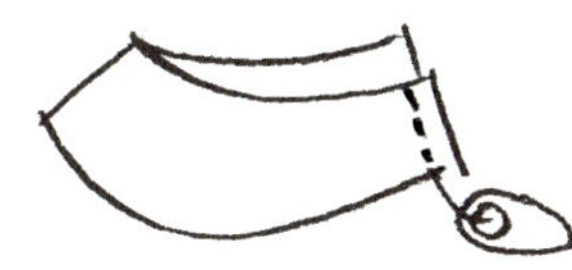

2 룸 슈즈의 발등 부분이 될 겉감을 겉끼리 마주보도록 반으로 접어 겹쳐진 끝부분을 박음질한다.

3 발바닥이 될 미끄럼방지 원단을 그림과 같이 박음질로 연결한다. 이때 볼록볼록한 미끄럼 방지 고무 부분이 겉감 겉면 쪽으로 들어가 게 하여 바느질한다. 안감도 같은 방법으로 만든다.

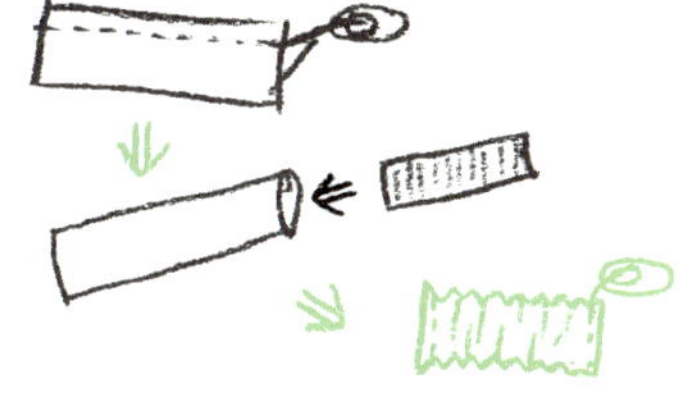

4 발등의 끈이 될 작은 겉감(7x3.5㎝)을 반으로 접어 겉끼리 마주보도록 한 다음 박음질하고 뒤집어 고무줄을 넣는다. 고무줄 양끝을 박 음질해 고정시켜 주름이 잡히도록 한다.

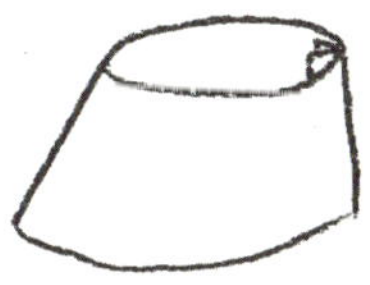

5 ③에서 만들어놓은 슈즈의 겉감을 뒤집는다.

6 뒤집어진 안감의 안쪽에 그림과 같이 겉면 이 밖으로 나온 겉감과 고무줄을 넣은 발등 끈을 넣는다.

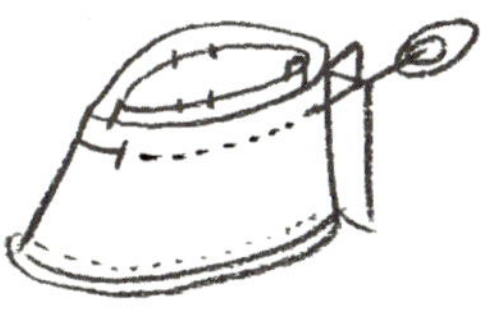

7 창구멍만 남기고 둘레를 박음질해 연결한다.

8 창구멍으로 뒤집은 다음 창구멍은 공그르 기로 막는다. 같은 방법으로 반대쪽 신발 하나를 더 만든다.

12 코끼리 귀 목베개

코끼리 귀 모양으로 생겨 '엘리펀트 이어'라는 별명이 붙은 아기 베개예요.
아기의 머리 양쪽을 잘 받쳐주어 유모차나 카시트에서 아기가 편안하게 목을 가눌 수 있어요.

How to Make

- **소재**　　　오가닉 면 원단
- **실물 크기**　가로 28㎝, 세로 18㎝
- **준비물**　　무늬 원단 64x22㎝ 1장, 구름솜

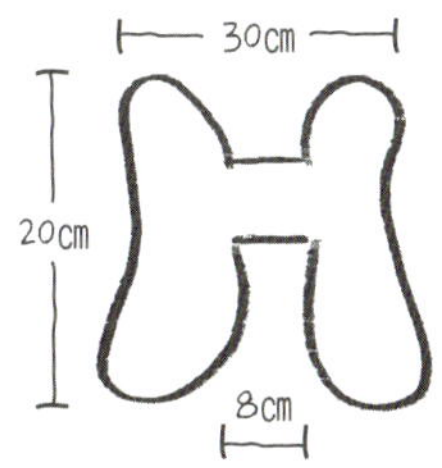

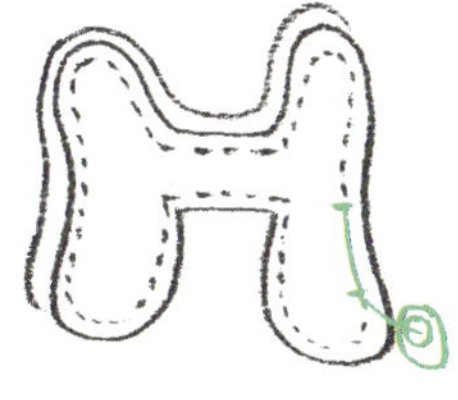

1 코끼리 귀가 이어진 모양대로 재단한 원단 2장을 겉끼리 마주보도록 겹친 다음 창구 멍만 남기고 둘레를 박음질한다.

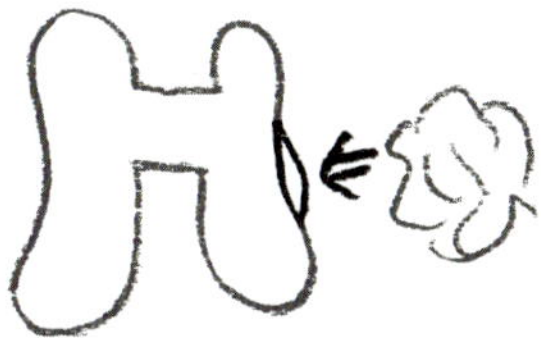

2 창구멍으로 뒤집고 구멍으로 솜을 넣어 귀 모양 한쪽을 채운다.

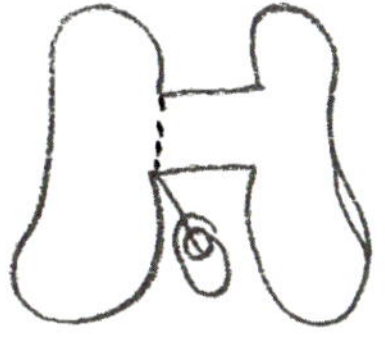

3 한쪽 귀 부분에 솜이 알맞게 채워지면 가운 데 연결 부분이 시작되는 곳을 박음질해 한 쪽을 완성한다.

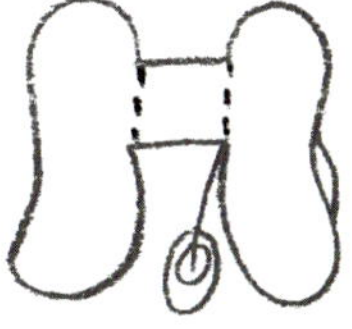

4 가운데 연결 부분에는 솜을 조금만 넣고 다시 귀 모양이 시작되는 부분을 박음질 한다.

목베개의 솜이 너무 빵빵하면 아기 목에 무리가 가고 반대로 너무 납작하면 베개의 효과가 없으니 적당하게 솜의 양을 조절하세요!

5 나머지 한쪽 귀 부분에도 솜을 알맞게 채워 넣고 공그르기로 마무리한다.

13 아기 손수건

영유아기의 아기를 돌볼 때는 거즈수건이 많이 필요해요.
하얗고 깨끗하게 빨아 햇빛에 널어놓은 거즈수건을 볼 때면 기분이 정말 상쾌하지요.
색실로 예쁜 수를 놓아 세상에 하나밖에 없는 수건을 만들어주세요.

How to Make

- **소재**　　　오가닉 면 소재 거즈수건
- **실물 크기**　기본 거즈수건 사이즈
- **준비물**　　거즈수건 1장, 자수 실

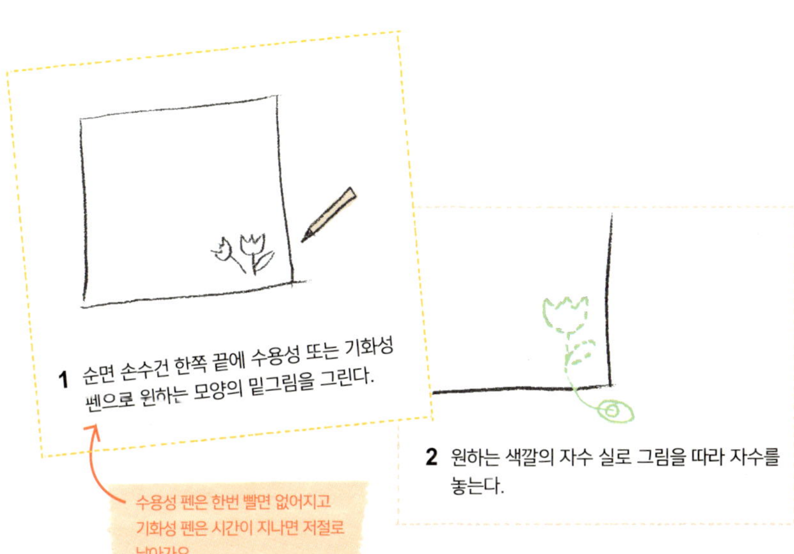

1 순면 손수건 한쪽 끝에 수용성 또는 기화성 펜으로 윈하는 모양의 밑그림을 그린다.

수용성 펜은 한번 빨면 없어지고 기화성 펜은 시간이 지나면 저절로 날아가요.

2 윈하는 색깔의 자수 실로 그림을 따라 자수를 놓는다.

14 아기용품 파우치

아기와 함께 외출할 때는 짐이 정말 많
아요. 용도와 시간별로 물건을 나누어 파
우치에 각각 담아두면 필요한 물건을 찾
아 가방 속을 뒤지는 불편함을 덜 수 있
어요. 다양한 크기로 만들어두면 유용합
니다.

How to Make

- **소재**　　면 원단
- **실물 크기**　가로 17㎝, 세로 22.5㎝
- **준비물**　무늬 원단 20x55㎝ 1장, 폭 1.5㎝ 면 테이프 30㎝ 2줄, 라벨 1장, 나무 구슬 2개

1 원단은 크기대로 잘라 사방을 오버로크
처리한다.

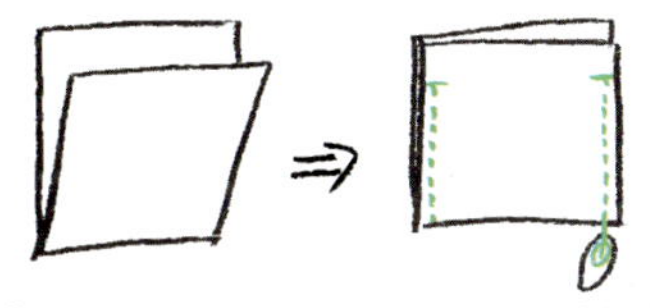

2 원단의 겉끼리 마주보도록 반으로 접은 다음
입구가 될 윗부분에서 5㎝ 떨어진 곳에서부터
양 옆면을 각각 박음질한다.

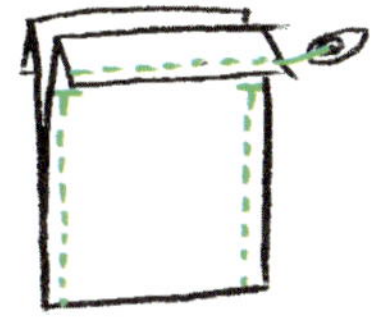

3 박음질하지 않고 남겨놓은 입구 부분을 반
으로 접어 내려 양쪽을 각각 말아박기한다.

4 바느질한 파우치를 뒤집는다.

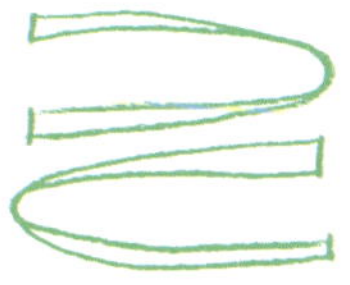

5 준비한 면 테이프 2줄을 각각 양쪽에서 서
로 다른 방향으로 박음질선 위쪽 홈에 끼워
넣는다.

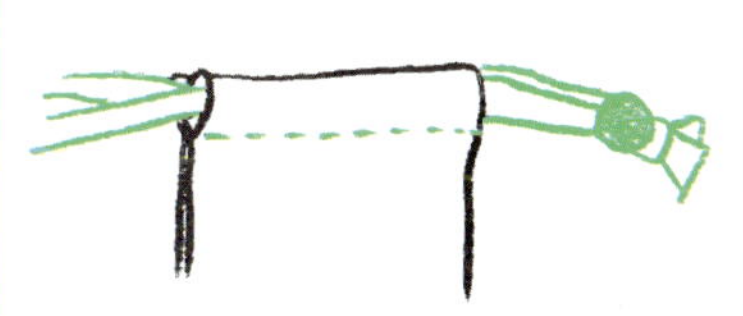

6 면 테이프 양쪽을 각각 잡고 당긴 다음 양끝
부분에 나무 구슬을 각각 끼우고 묶는다.

7 앞면에 라벨을 바느질해 붙이고 파우치를
완성한다.

15 아기용품 바구니

목욕 후에 필요한 면봉과 로션, 손톱깎이, 자주 사용하는 거즈수건이나 눈에 띄는 곳에 두어야 하는 비상약 등 아기 물건을 정리하는 바구니입니다. 딱딱한 모서리에 아기가 다치지 않도록 천으로 만들어요.

How to Make

- **소재**　　　면 원단 또는 재활용 옷
- **실물 크기**　가로 12㎝, 세로 12㎝, 높이 9㎝
- **준비물**　　겉감(무늬 원단) 12x12㎝ 5장, 안감(아이보리색 원단) 12x12㎝ 5장, 평면솜 40x40㎝

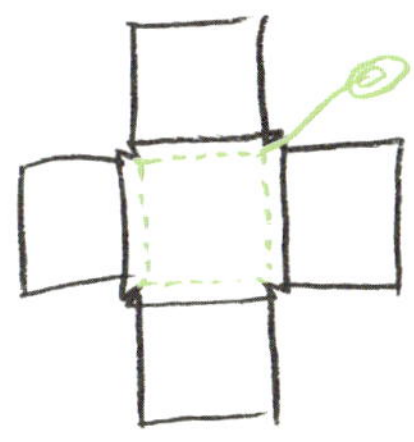

1 크기대로 자른 겉감 원단 5장을 안쪽 면이
보이도록 하여 그림과 같이 십자가 모양으
로 놓고 박음질로 연결한다. 안감도 같은
방법으로 만든다.

2 바느질한 안감을 펼쳐놓고 평면솜을 올린
다음 안감 모양에 맞춰 솜을 재단한다.

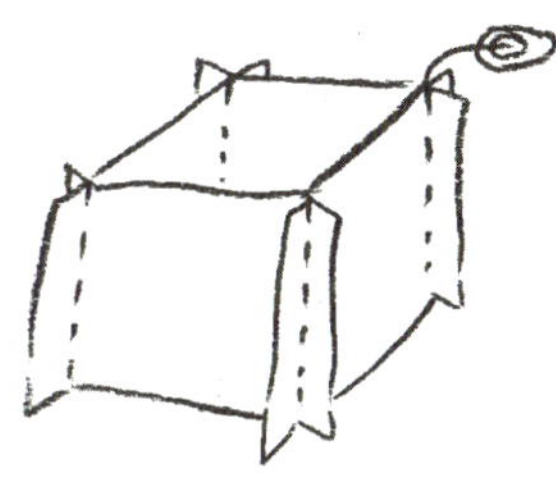

3 ①의 겉감 네 모서리를 마주보는 부분끼리
겹쳐 그림과 같이 박음질로 연결한다.
안감은 평면솜과 겹쳐놓은 상태에서 겉감과
같은 방법으로 박음질한다.

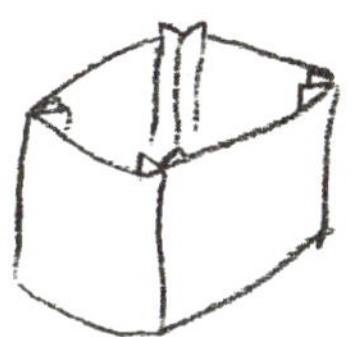

4 바구니 모양이 된 겉감을 뒤집는다.

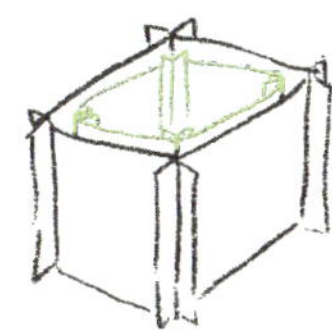

5 바구니 모양의 안감 안에 겉면이 밖으로
나온 ④의 겉감 바구니를 집어넣는다.

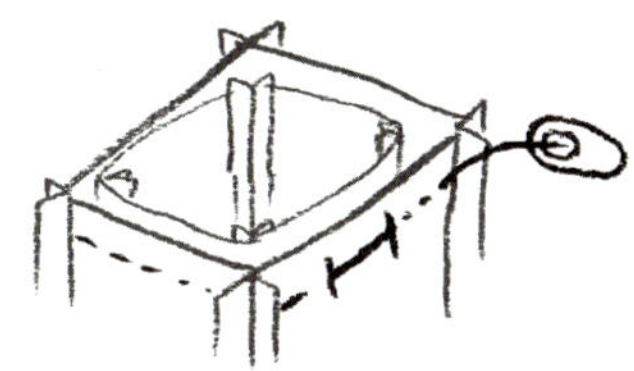

6 창구멍만 남기고 위쪽 입구 둘레를 박음질
한다.

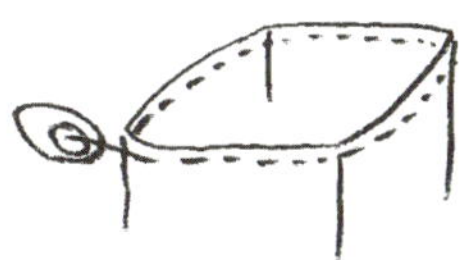

7 창구멍으로 뒤집은 다음 위쪽 입구 가장
자리를 눌러박기한다.

PART **2**

인형과 역할놀이

16 그려 넣는 **인형**

아이 손으로 직접 그림을 그려 넣는 인형이에요.
눈코입이 생기고 표정도 생기고, 안경도 그려보고.
그렇게 인형을 스스로 꾸미면서 창의력과 표현력이 쑥쑥 자라납니다.

How to Make

- **소재** 광목 원단
- **실물 크기** 폭 12㎝ x 키 26㎝
- **준비물** 광목 원단 32x30㎝, 패브릭용 크레용 또는 유성펜, 구름솜

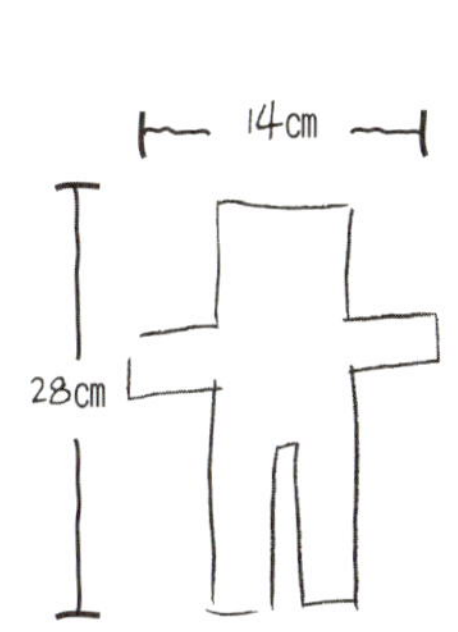

2 창구멍으로 뒤집는다.

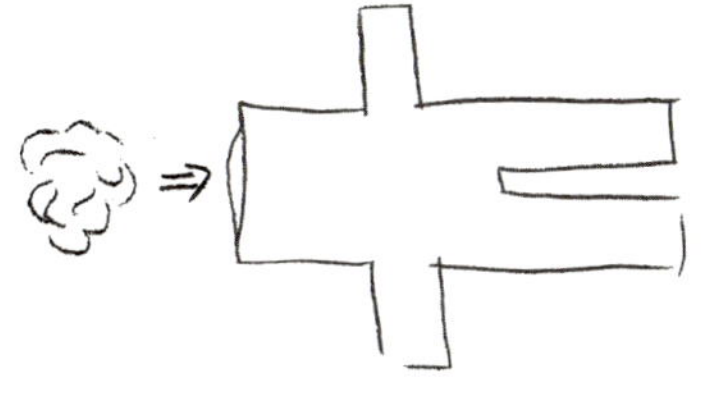

3 창구멍으로 솜을 넣어 고르게 채운다.

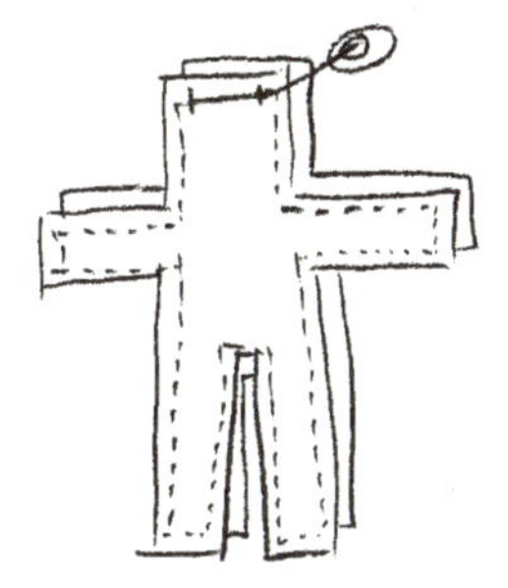

1 사람 모양으로 재단한 2장의 원단을 겉끼리
마주보도록 겹쳐놓고 창구멍을 제외한 둘레
를 박음질한다.

4 창구멍을 공그르기로 막아 인형을 완성한다.
아이에게 패브릭용 크레용이나 유성펜을
주고 마음껏 꾸며보도록 한다.

17 손가락 인형

손가락마다 인형을 하나씩 끼우고 노는 장난감
이에요. 동물들, 공주님, 맛있는 디저트 등등 아
이가 좋아하는 모양으로 만들어주세요. 인형극
을 펼치며 신 나게 놀 거예요.

How to Make

- **소재**　　　펠트
- **실물 크기**　가로 4㎝ x 세로 7㎝(몸통 부분 공통)
- **준비물**　　색색가지 펠트, 글루건

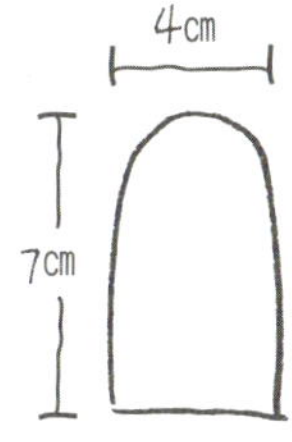

1 색색의 펠트 위에 각각 손가락 모양 밑그림을
그린 다음 2장씩 오린다(동물 모양과 색깔은 사진
참고). 뒷면이 될 펠트 1장 위에 자투리를 모양
대로 잘라 글루건으로 붙인다.

2 나머지 펠트 1장에는 여러 가지 색 펠트로
얼굴과 눈, 입 등을 오려 글루건으로 붙여서
앞모습을 꾸민다.

3 ①에서 꾸민 뒷모습 위에 ②의 앞모습 펠트
를 올려놓는다.

4 밑면을 제외한 둘레를 글루건으로 붙여 손
가락인형 1개를 완성한다. 나머지도 같은
방법으로 만들어 손가락인형 5개를
만든다.

둘레를 버튼홀스티치로 연결해도 좋아요!

18 블라블라인형

팔다리가 긴 블라블라blah-blah 인형은 엄마들도 참 좋아해요.
집집마다 있는 것 말고 엄마의 상상력으로 디자인한 새로운 블라블라를
만들어주세요. 벨루어 원단을 사용해 안았을 때 느낌이 좋아요.

How to Make

- **소재** 벨루어 원단
- **실물 크기** 몸통 너비 13㎝ x 키 54㎝
- **준비물** 벨루어 원단 흰색 70x16cm / 갈색
  50x40cm, 자투리 펠트 검정색/빨강색,
  색실, 레이스, 구름솜

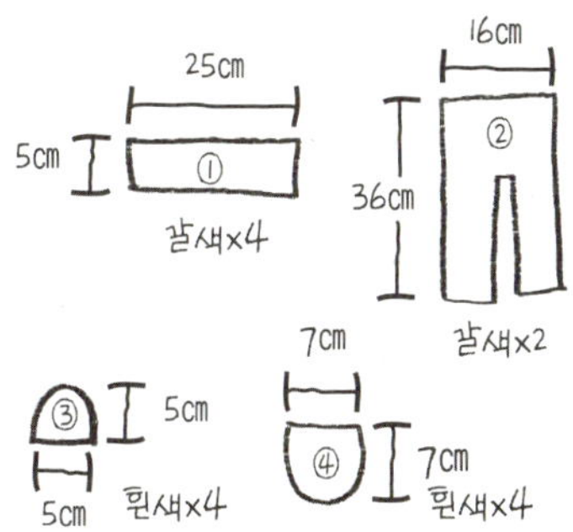

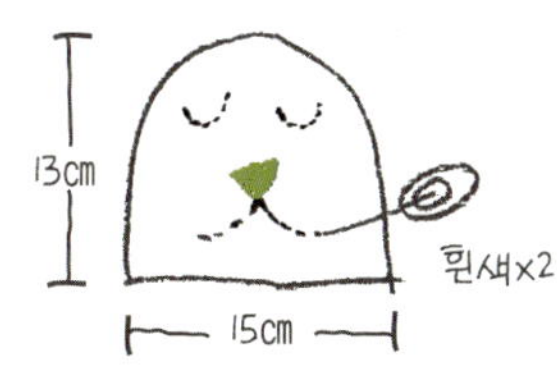

1 얼굴 모양으로 재단한 흰색 벨루어 원단 앞면에 자투리 펠트와 색실로 눈, 코, 입을 만든다.

2 그림과 같이 인형 머리, 팔, 몸통과 다리, 손, 발 각 부분을 재단한 원단들을 1장씩 모아 겉끼리 겹쳐놓고 박음질로 이어 인형 뒤판을 만든다. 같은 방법으로 인형의 앞판도 만든다. 이때 얼굴 부분은 ①에서 만든 것을 연결한다.

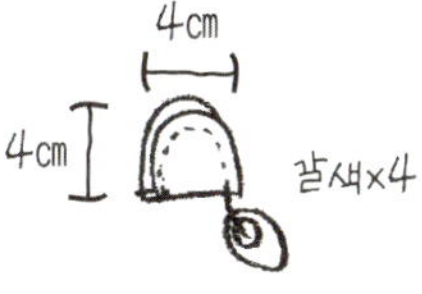

3 귀 모양으로 재단한 원단 4장을 각각 2장씩 겉끼리 마주보도록 겹쳐놓는다. 그림과 같이 아랫면을 제외한 나머지 둘레를 박음질한다.

4 바느질하지 않은 아래쪽으로 뒤집어 귀 2개를 만든다.

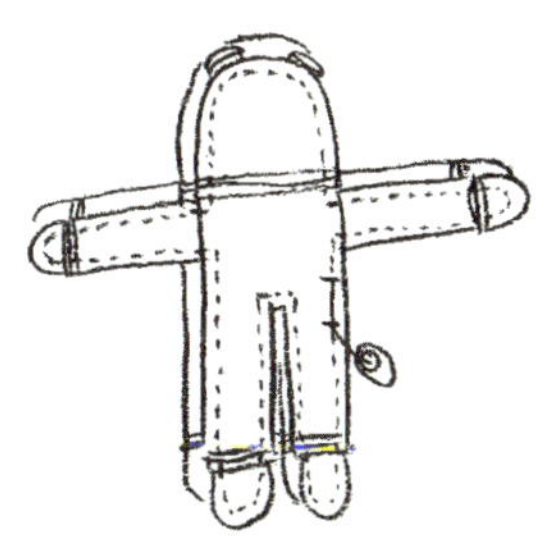

5 ②에서 만든 인형 앞판과 뒤판을 겉끼리 마주보도록 겹친다. 얼굴 위쪽에 ④에서 만든 귀 2개를 끼운 다음 창구멍만 남기고 둘레를 박음질해 앞뒤 판을 연결한다.

6 창구멍으로 뒤집고 솜을 넣어 고루 채운다. 창구멍은 공그르기로 마무리한다.

7 손목 부분을 레이스나 그밖에 원하는 재료를 활용해 꾸민다.

19 아기인형

패브릭으로 인형을 만들고 예쁜 옷도 입혀주세요. 아이와 함께 이름도 지어주고요.
인형은 광목으로 만들면 튼튼하고 인형 옷은 아이나 엄마가 입던 옷을 리폼해도 좋아요.

How to Make

- **소재**　　광목 원단, 재활용 옷
- **실물 크기**　너비 12㎝ x 키 24㎝
- **준비물**　광목 원단 32x28㎝, 무늬 원단 또는
리폼할 옷 30x18㎝, 자투리 펠트,
색실, 벨크로테이프, 구름솜

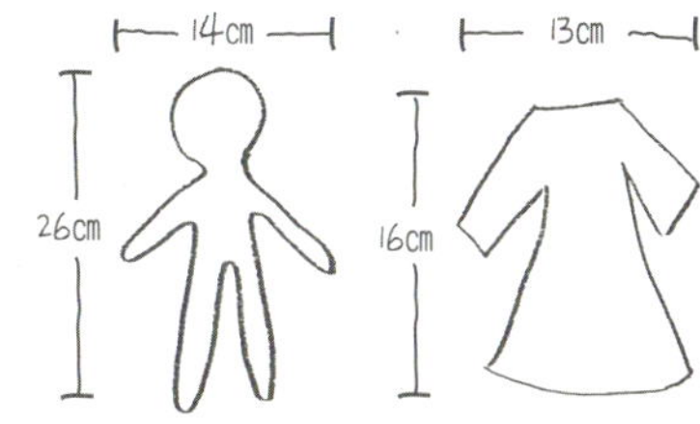

1 시접 0.5㎝를 두고 재단
한 광목 원단 앞면에 실
로 스티치하여 눈, 코, 입
을 만든다.

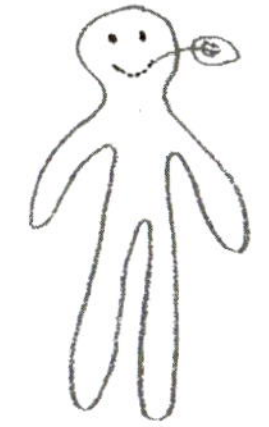

2 검정색 펠트를 오려 머리카락을 만들어
붙인다.

3 인형 모양 광목 원단 2장
을 겉끼리 마주보도록 겹
쳐놓고 창구멍을 제외한
둘레를 박음질한다.

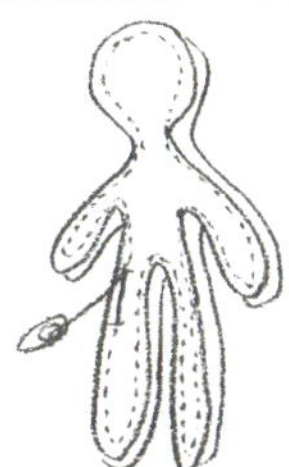

4 창구멍으로 뒤집은 다음
솜을 넣어 고루 채운다.
창구멍은 공그르기로
마무리한다.

5 무늬 원단이나 리폼할
옷을 반으로 접어 시접
0.5㎝를 두고 재단하다,
그 중 뒤판이 될 원단은
가운데를 길이로 잘라
뒤판의 왼쪽과 오른쪽
으로 나눈다.

6 앞판 원단에 뒤판
원단 2장(왼쪽과 오
른쪽)을 올린다.
이때 겉끼리 마주
보도록 겹쳐놓는다.
각 부분을 박음질로
연결한다.

7 그림과 같이 옷 뒤판의 양쪽 가장자리에 벨크
로테이프를 각각 바느질로 고정시킨다.

8 ④의 인형에
옷을 입혀 예
쁜 아기인형
을 완성한다.

20 나무인형

네모난 나무토막에 그림을 그려 넣은 블록 인형이에요.
어린 시절 즐겨 보던 명작동화 속 주인공들을 그려보았어요.
인형을 가지고 동화 속 장면을 꾸며보세요.

How to Make

- **소재**　　　나무
- **실물 크기**　가로 5㎝ x 세로 10㎝
- **준비물**　　두께 1.8㎝ 삼나무 도막 5x10㎝, 아크릴물감, 바니시, 샌드페이퍼

1 크기에 맞게 자른 삼나무 도막 위에 연필로
밑그림을 그린다.

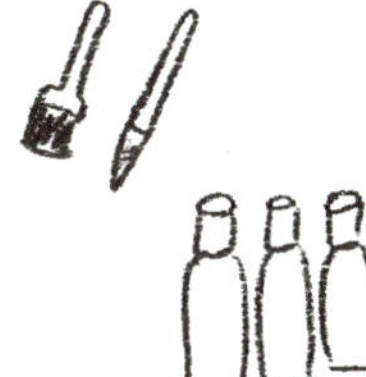

2 밑그림 위에 아크릴물감으로 색칠한다.

3 샌드페이퍼로 나무 모서리를 문질러
부드럽게 만든다.

4 물감이 완전히 마르면 바니시를 칠해
마무리한다.

21 인형극장

인형극을 보러 갔을 때를 떠올리며 만든 아이템이에요.
아이에게 인형을 가지고 극장 뒤에서 재미있는 이야기를 꾸며보도록 하세요.

How to Make

- **소재**　　나무, 자투리 원단
- **실물 크기**　가로 60cm, 폭 16cm, 높이 40cm
- **준비물**　두께 1.8cm 삼나무 판 60x5cm 1장
／ 60x15cm 1장 ／ 20x10cm 2장 ／
40x10cm 1장, 자투리 원단, 레이스,
친환경 페인트, 바니시, 샌드페이퍼,
목공용 본드, 못

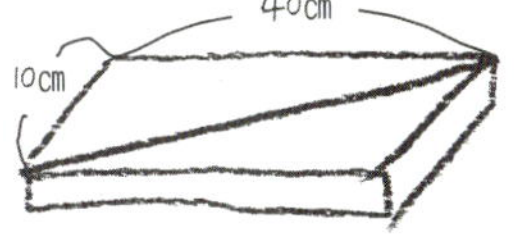

1　40x10cm 크기의 삼나무 판을 대각선으로
자른다.

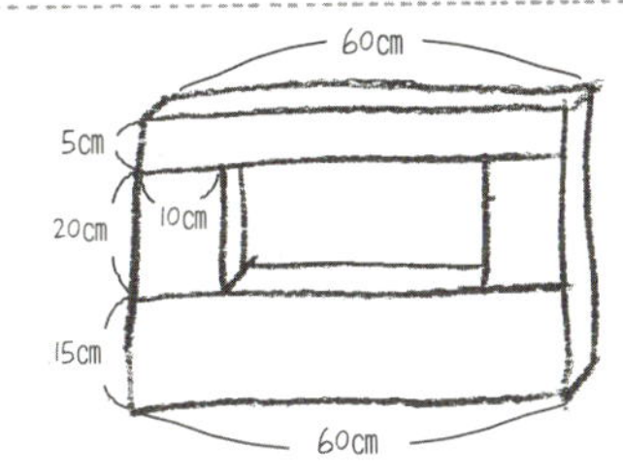

2　나머지 삼나무 판을 연결해 그림과 같이
사각형 틀을 만든다. 나무 판을 목공용
본드로 먼저 붙인 다음 못을 박는다.

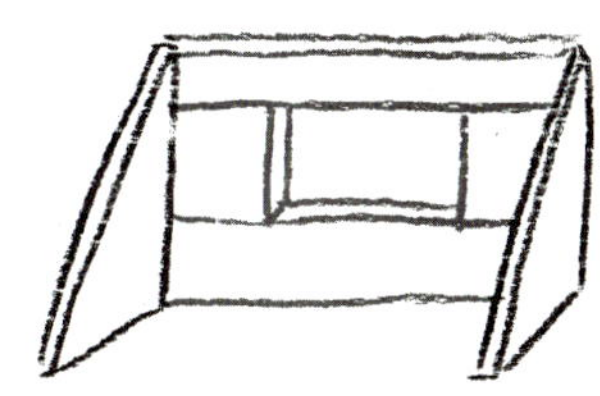

3　틀 옆면에 ①의 삼각형 나무 판을 붙여 지지
대를 만든다.

4　인형극장 모양의 틀에 친환경 페인트를 칠한다.

5　페인트가 완전히 마르면 샌드페이퍼로
모서리를 문질러 다듬은 다음 바니시를
칠해 마무리한다.

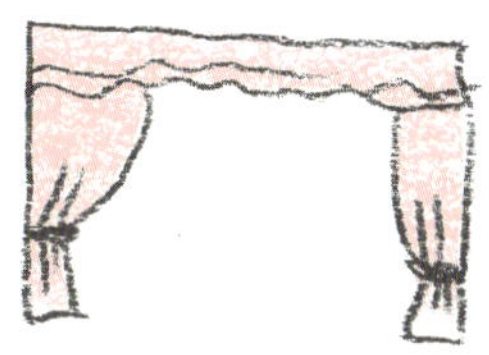

6　원단과 레이스를 이용하여 인형극장의
커튼을 만든다.

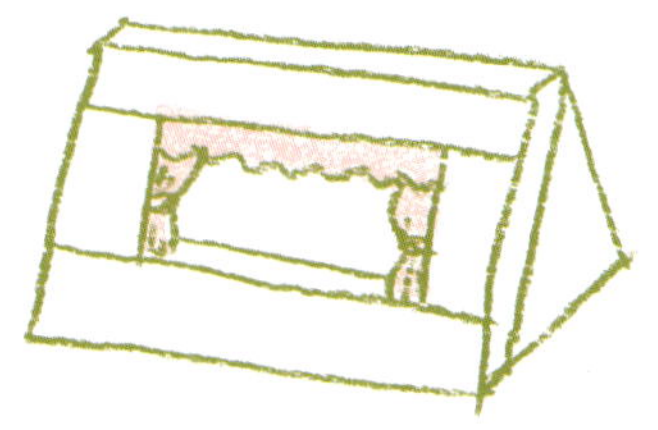

7　인형극장 앞면의 뚫린 공간에 커튼을 양쪽
으로 달아 완성한다.

바퀴인형

아기가 줄을 잡고 졸졸 끌고 다니는 장난감이에요.
강아지 모양으로 만들면 마치 진짜 강아지를 데리고
다니는 것처럼 즐거워한답니다.
양쪽의 커다란 바퀴가 균형을 잡고 잘 굴러가요.

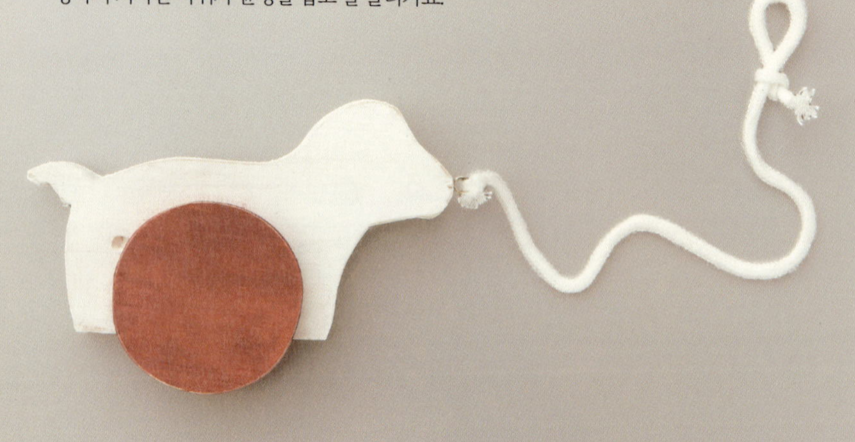

How to Make

- **소재**　　　나무
- **실물 크기**　강아지 가로 20㎝ x 세로 12㎝ / 바퀴 지름 8㎝
- **준비물**　　두께 1.8㎝ 삼나무 20x12㎝ 1개 / 지름 8㎝ 2개, 지름 0.6㎝ 나무 심 3㎝ 1개, 끈 60㎝ 1줄,
　　　　　　　나사 고리 1개, 아크릴물감 흰색/빨강색, 바니시, 목공용 본드

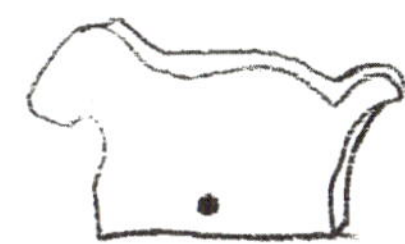

1 20x12cm 삼나무 판 위에 강아지 모양 밑그림을 그려 재단한다. 샌드페이퍼로 둘레를 문질러 모서리를 부드럽게 만든다. 그림과 같이 아래쪽 가운데 지점에 지름 1cm 정도 크기의 구멍을 뚫는다.

2 바퀴 모양으로 동그랗게 재단한 삼나무 판 2개를 샌드페이퍼로 문질러 둘레를 부드럽게 만든다. 바퀴에 각각 지름 0.6cm 크기의 구멍을 뚫는다. 이때 나무 판 양쪽이 완전히 뚫리지 않도록 반 정도까지만 내려간다.

전동드릴을 이용하면 구멍을 쉽게 뚫을 수 있어요!

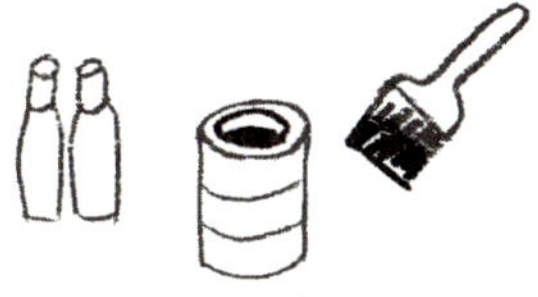

3 아크릴물감으로 강아지와 바퀴 모양 판을 각각 칠한다. 물감이 완전히 마르면 바니시를 칠해 마무리한다.

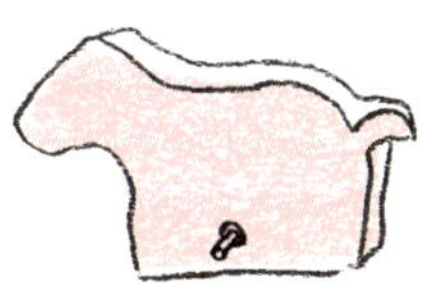

4 강아지 모양 판에 뚫어놓은 구멍 사이로 준비한 나무 심을 넣는다.

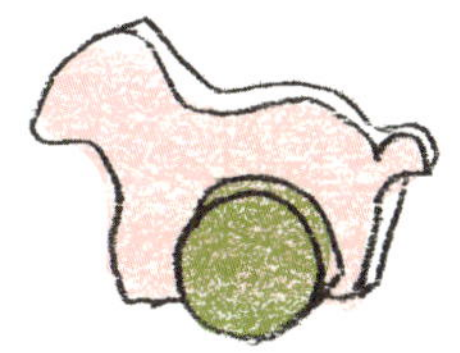

5 나무 심 양쪽에 바퀴를 각각 끼운다. 목공용 본드를 발라 단단하게 고정시킨다.

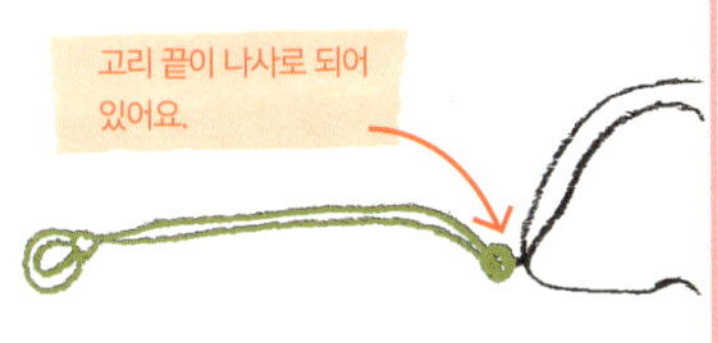

6 강아지 얼굴 앞쪽에 고리를 박는다. 고리에 끈을 묶어 연결하고 끈 반대쪽은 매듭을 지어 완성한다.

23 싱크대

아이들이 가장 좋아하는 '엄마 놀이' 아이템이에요. 요리하고 설거지하는 엄마를 흉내 내는 부엌놀이가 재미있나 봐요. 남자아이들도 싱크대 장난감을 사달라고 조를 정도랍니다.

How to Make

- **소재** 나무
- **실물 크기** 가로 60㎝, 깊이 24㎝, 높이 80㎝
- **준비물** 두께 1.8㎝ 삼나무 판 60x24㎝ 1장 / 44.2x24㎝ 2장 / 56.4x24㎝ 1장 / 60x10㎝ 1장 / 56.4x10㎝ 1장 / 32.2x10㎝ 2장, 두께 1.2㎝ 삼나무 판 39x28㎝ 2장, 두께 0.48㎝ 합판 60x43㎝ 1장, 우드락 자투리 조금, 자투리 나무 조각 조금, 지름 3㎝ 나무 봉 9㎝ 1개, 지름 8㎝ 철제 봉 3㎝ 1개, 사각형 플라스틱 용기(26.5x16x6.5㎝) 1개, 손잡이(DIY용 기성제품) 2개, 경첩 4개, 원터치 외자석 2쌍, 친환경 페인트, 젯소, 바니시, 샌드페이퍼, 목공용 본드, 못, 나사, 태커

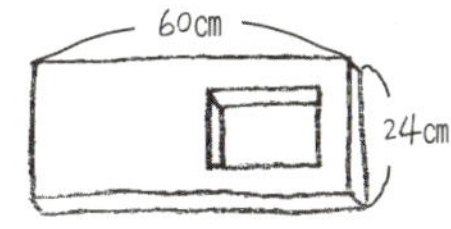

1 60×24㎝ 크기의 삼나무(두께 1.8㎝)에 싱크대
부분이 될 사각 플라스틱 용기가 쏙 들어갈
만한 크기의 구멍을 뚫는다.

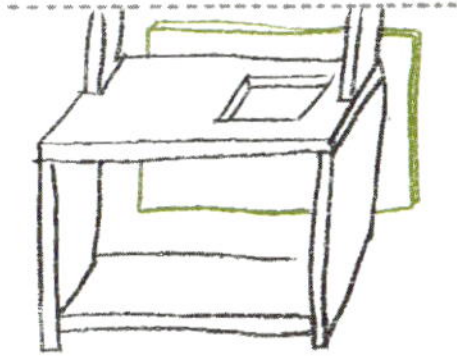

3 싱크대의 수납장이 될 아래쪽 뒷면에는
60×43㎝의 합판을 붙인다. 합판은 목공용
본드로 붙인 다음 태커로 박는다.

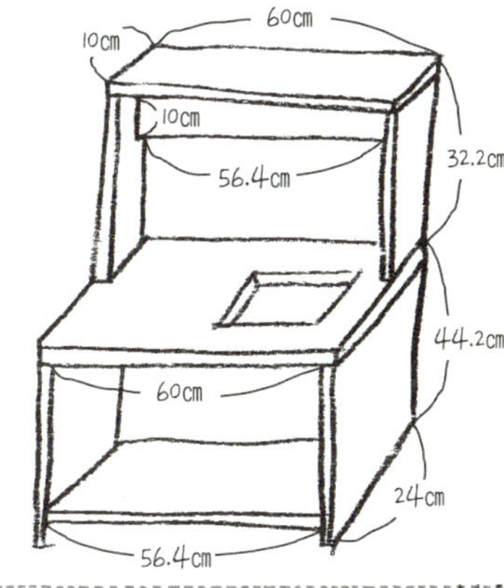

2 두께 1.8㎝의 삼나무 판들을 연결해 싱크대
모양 틀을 만든다. 나무 판들은 목공용 본드
로 붙인 다음 못을 박는다.

4 싱크대 모양 틀과 문을 만들 39×28㎝ 크기의
삼나무 판 2장에 친환경 페인트를 칠한 다음
완전히 마르면 샌드페이퍼로 모서리를 문질
러 다듬는다. 바니시를 칠해 마무리한다.

5 사각 플라스틱 용기 겉면에 젯소와 친환경
페인트를 차례로 칠하고 완전히 마르면 ①
에서 뚫어놓은 구멍에 끼워 넣는다.

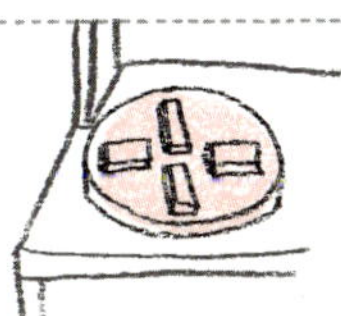

6 플라스틱 용기 옆에 우드락과 자투리 나무 등
을 그림과 같이 붙여 가스레인지를 만든다.

7 나무 봉과 철제 봉을 이용하여 수도꼭지를
만들어 목공용 본드로 붙인다.

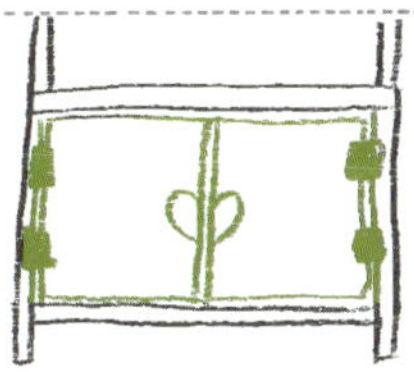

8 싱크대 수납장 문(39×28㎝ 크기의 삼나무 판 2장)
에 나사로 손잡이를 달고 문 양쪽에 나사로 경
첩을 달아 싱크대 틀에 고정시킨다.

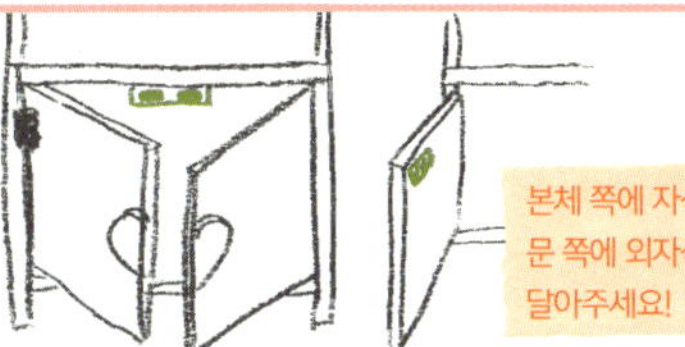

9 싱크대 본체와 양쪽 문이 맞닿는 부분에
자석과 철판을 나사로 고정시켜 여닫을 수
있게 만든다.

24 세탁기

아이들은 엄마가 빨래를 너는 것이
재미있어 보입니다.
세탁기에도 강한 호기심을 보이지요.
위험한 세탁기 대신 장난감 세탁기를
만들어주세요. 문을 열어 옷을 집어
넣고 빨래하는 시늉을 하며 재미있게
놀 거예요.

How to Make

- **소재**　　나무, 우드락
- **실물 크기**　가로 40㎝, 깊이 26㎝, 높이 47㎝
- **준비물**　두께 1.8㎝ 삼나무 판 43.6x24㎝ 2장 / 40x24㎝ 2장 / 40x7.2㎝ 1장, 두께 1.2㎝ 삼나무 판 36x37.8㎝ 1장, 두께 0.48㎝ 합판 47x40㎝ 1장, 우드락 24x24㎝ 1장, 경첩 2개, 원터치 외자석 1쌍, 코르크 와인 마개 1개, 친환경 페인트, 바니시, 목공용 본드, 못, 나사, 태커

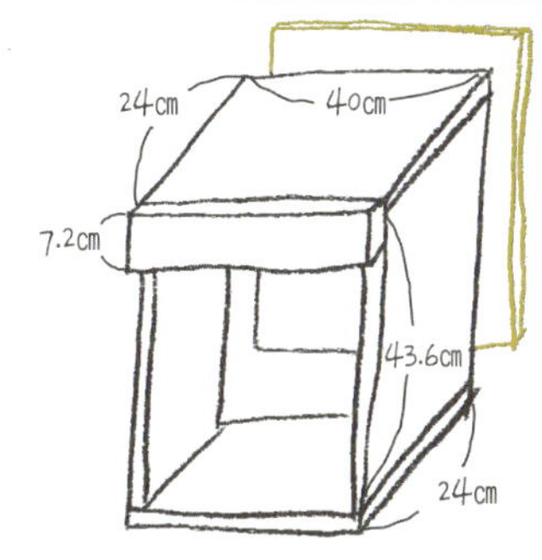

1　크기대로 재단한 두께 1.8㎝ 삼나무 판들을 모아 세탁기 모양 틀을 만든다. 나무 판들은 목공용 본드로 붙인 다음 못을 박아 연결한다. 세탁기 모양 틀 뒤에는 목공용 본드와 태커로 합판을 붙인다.

2　세탁기 본체 틀과 문(36x37.8㎝의 삼나무 판)에 친환경 페인트를 실한다. 페인드가 완전히 마르면 샌드페이퍼로 모서리를 문질러 다듬은 다음 바니시를 칠해 마무리한다.

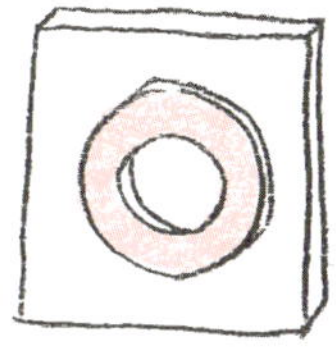

3　세탁기 문이 될 36x37.8㎝ 크기의 삼나무 판(두께 1.2㎝) 앞에 우드락을 동그랗게 잘라 붙여 모양을 낸다.

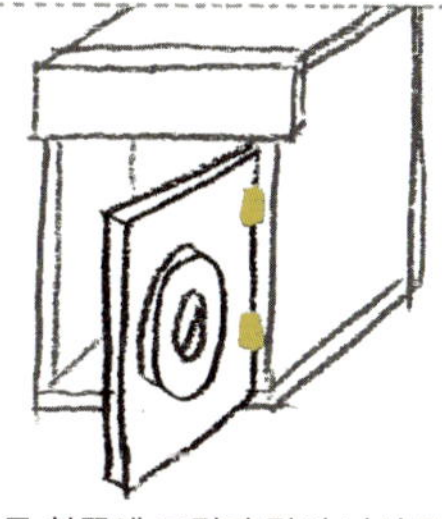

4　세탁기 문 한쪽에 그림과 같이 나사로 경첩 2개를 달아 세탁기 본체에 고정시킨다.

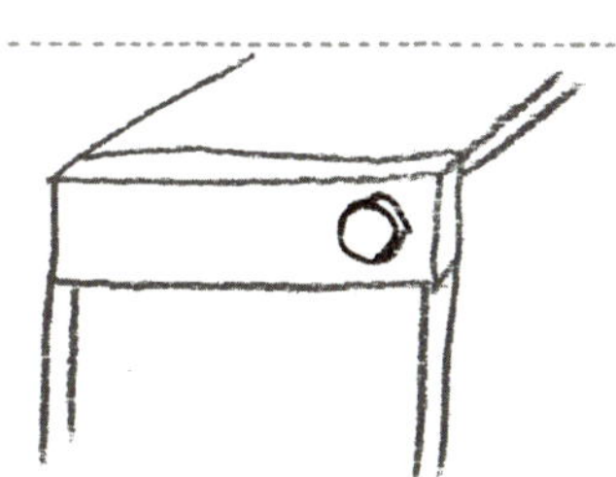

5　세탁기 위쪽 앞면에 그림과 같이 코르크마개를 목공용 본드로 붙여 스위치를 만든다.

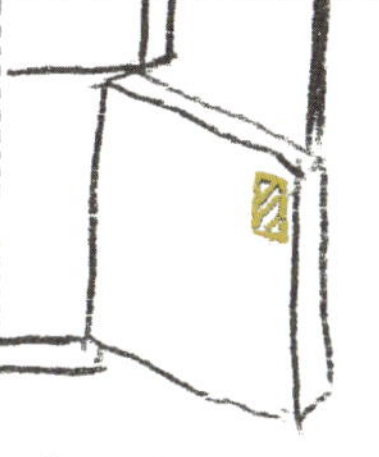

6　본체와 문이 맞닿는 부분에 자석과 철판 세트를 나사로 연결해 문을 여닫을 수 있도록 만든다.

25 다리미와 **다림판**

바닥에 옷을 펴놓고 다림질하는 엄마 흉내를 내는 아이를 보면 정말 사랑스러워요.
실물을 그대로 만든 핑크색 다리미와 하트 무늬 다림판은 엄마의 아이디어가 돋보이는
장난감입니다.

How to Make

- **소재** 　나무, 펠트
- **실물 크기** 　가로 15㎝, 세로 10㎝, 높이 7㎝
- **준비물** 　두께 1.8㎝ 삼나무 15x10㎝ 1장 / 10x5㎝ 1장, 펠트 15x10㎝ 1장, 손잡이(DIY용 기성제품) 1개,
나사 2개, 아크릴물감, 바니시, 목공용 본드, 나사

다리미

1 다리미가 될 2장의 삼나무 판을 그림과 같은
모양으로 각각 크기만 다르게 재단한다.
재단한 나무 판에 아크릴물감을 칠한다.

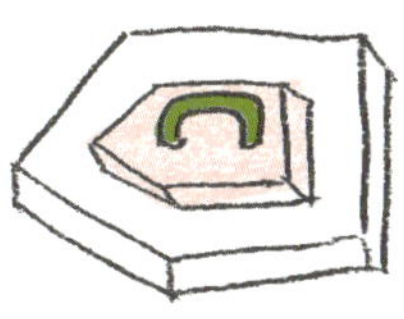

4 준비한 손잡이를 나사로 고정시킨다.

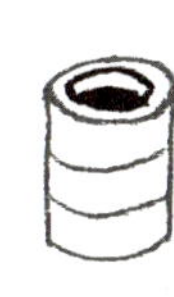

2 물감이 완전히 마르면 사포로 모서리를 문질
러 다듬고 바니시를 칠해 마무리한다.

3 삼나무 판 두 개를 그림과 같이 겹쳐 올리고
손잡이를 달 위치에 구멍을 2개 뚫는다.

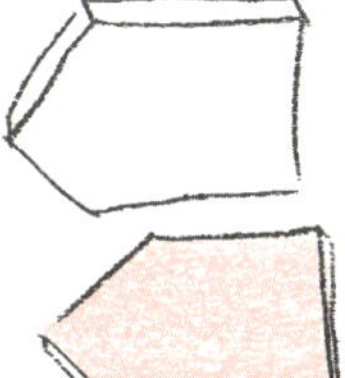

5 다리미 바닥에는 펠트를 같은 모양으로 잘라
목공용 본드로 붙여 완성한다.

How to Make

- **소재** 나무
- **실물 크기** 가로 40㎝, 세로 20㎝, 높이(다리 포함) 7㎝
- **준비물** 두께 1.8㎝ 삼나무 판 40x20㎝ 1장 / 10x5㎝ 2장, 스텐실도구, 아크릴물감, 바니시,
  목공용 본드

다림판

1 다림판이 될 1장의 삼나무 판을 그림과 같은
모양으로 재단한다. 재단한 나무 판에 아크릴
물감을 칠한다.

2 물감이 완전히 마르면 스텐실 기법으로 하트
무늬를 찍어 장식한다.

3 사포로 모서리를 문질러 다듬는다.

4 스텐실한 물감도 모두 완전히 마른 다음
바니시를 칠해 마무리한다.

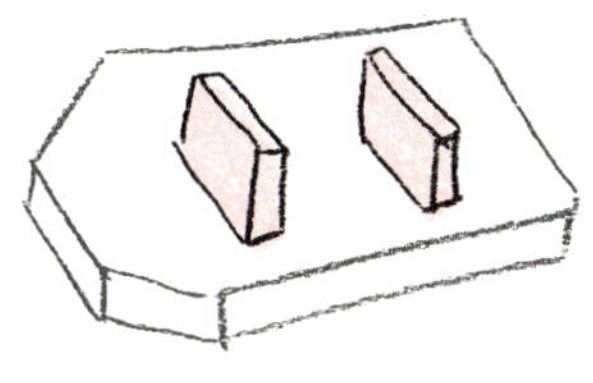

5 다림판 뒷면에 10x5㎝ 나무 조각을 그림과
같이 세워 붙여 다리를 만든다.
목공용 본드를 사용해 단단하게 고정시킨다.

26 냉장고

삼나무 판으로 뚝딱뚝딱 냉장고를 만들 수 있어요.
문을 달아 실제 냉장고처럼 여닫을 수 있게 하세요.
안 쓸 때는 안쪽에 아이 물건을 보관하는 근사한 수납장이 됩니다.

How to Make

- **소재**　나무
- **실물 크기**　가로 30㎝, 높이 80㎝, 깊이 24㎝
- **준비물**　두께 1.8㎝ 삼나무 판 78.2x24㎝ 2장, 30x24㎝ 1장, 26.4x24㎝ 2장, 두께 1.2㎝ 삼나무 판 28x26㎝ 1장, 43x26㎝ 1장, 두께 0.48㎝ 합판 77x30㎝ 1장, 철제 네트 바구니 2개, 손잡이(DIY용 기성제품) 2개, 경첩 4개, 외자석 2쌍, 친환경 페인트, 바니시, 목공용 본드, 못, 나사, 태커

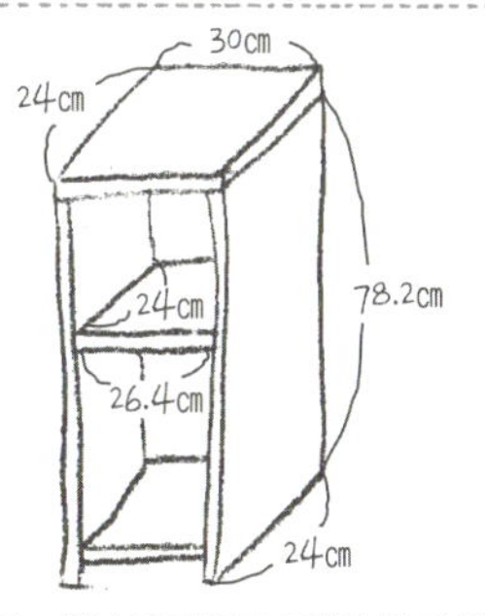

1 두께 1.8㎝ 삼나무 판으로 그림과 같이 냉장고 각 부분을 재단하고 판을 연결해 냉장고 모양 틀을 만든다. 나무 판 사이는 목공용 본드로 붙인 다음 못을 박아 고정시킨다.

2 냉장고 뒷면에 합판을 붙인다. 합판은 목공용 본드로 붙인 다음 태커로 박아 고정시킨다.

3 냉장고 본체와 문이 될 나무 판(두께 1.2㎝ 삼나무 판 28x26㎝, 43x26㎝)에 친환경 페인트를 칠한다. 페인트가 완전히 마르면 사포로 모서리를 문질러 다듬고 바니시를 칠해 마무리한다.

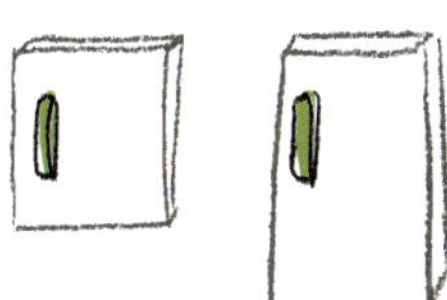

4 두께 1.2㎝ 삼나무 판 28x26㎝와 43x26㎝ 앞면에 각각 손잡이를 달 구멍을 2개씩 뚫고 나사로 손잡이를 고정시킨다.

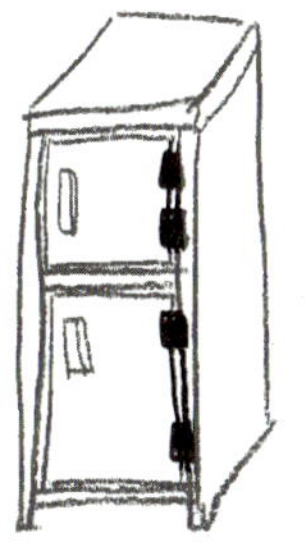

5 그림과 같이 나사를 사용해 경첩을 달아 냉장고에 문을 연결한다.

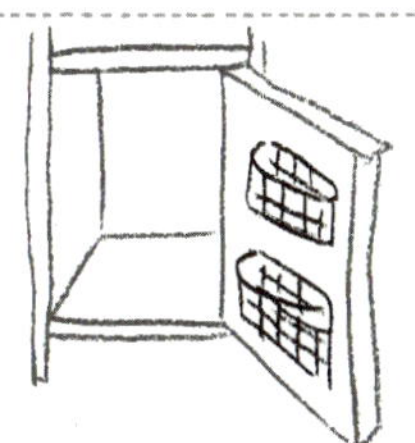

6 문 안쪽에 철제 네트 바구니를 아래위로 달아 수납 선반을 만든다. 작은 못을 박아 바구니를 고정시킨다.

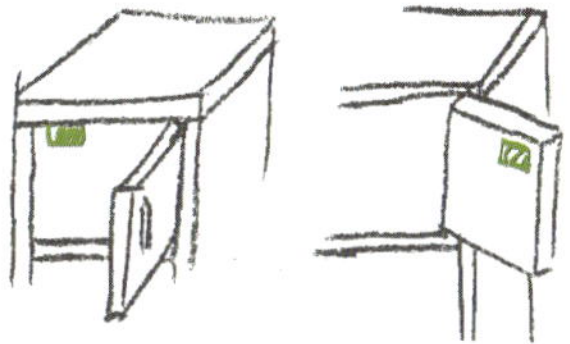

7 본체와 문이 맞닿는 부분에 그림과 같이 외자석 세트를 달아 문을 여닫을 수 있도록 한다. 본체에는 자석을, 문에는 철판을 나사로 고정시킨다.

27 모형 과일

오늘 식탁은 무엇으로 차려볼까요?
펠트를 오려 과일이며 생선, 달콤한 디저트 등 맛있는 음식을 만들어보세요.
아이가 접시에 예쁘게 담아오면 냠냠 맛있게 먹는 흉내를 내야 해요.
과일 뒷면에 평면자석을 붙이면 자석칠판에 붙여 놀 수 있어요.

How to Make

- **소재**　펠트
- **실물 크기**　5x10㎝ 등 다양한 크기로 가능
- **준비물**　두께 0.12㎝의 색색가지 펠트, 글루건

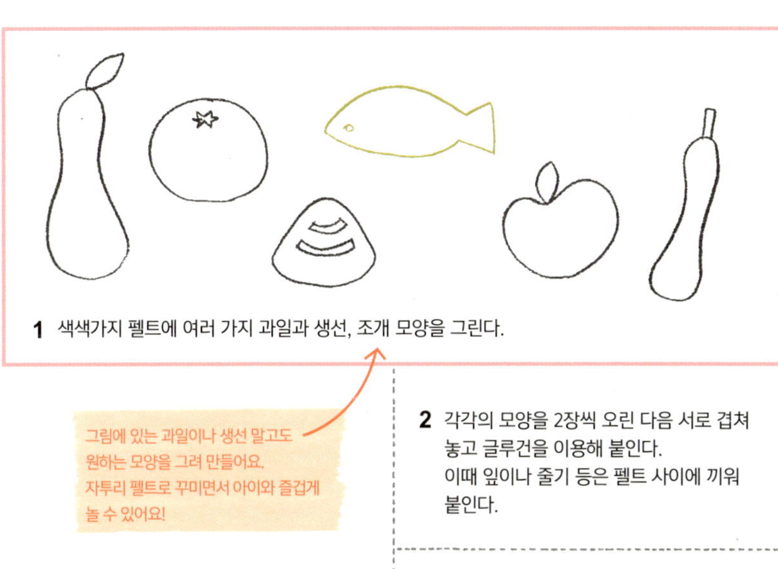

1 색색가지 펠트에 여러 가지 과일과 생선, 조개 모양을 그린다.

그림에 있는 과일이나 생선 말고도
원하는 모양을 그려 만들어요.
자투리 펠트로 꾸미면서 아이와 즐겁게
놀 수 있어요!

2 각각의 모양을 2장씩 오린 다음 서로 겹쳐
놓고 글루건을 이용해 붙인다.
이때 잎이나 줄기 등은 펠트 사이에 끼워
붙인다.

3 각각의 특징을 반영해 여러 가지 과일과
생선 등을 완성한다.

28 과일바구니

장난감 과일과 자잘한 소꿉놀이 장난감을 넣어두기에 좋은 바구니에요.
정리정돈 습관을 기르기에도 좋은 아이템이지요.
패브릭 사이에 솜이 누벼져 있는 퀼팅 원단을
활용하면 만들기가 좀 더 쉬워요.

How to Make

- **소재**   면 원단, 퀼팅 원단
- **실물 크기**   지름 20㎝, 높이 10㎝
- **준비물**   아이보리색 원단 지름 20㎝ 원형 1장 /
  32x11㎝ 2장, 퀼팅 원단 지름 20㎝
  원형 1장, 32x11㎝ 2장, 가죽 끈 16㎝
  2줄, 리벳 2쌍

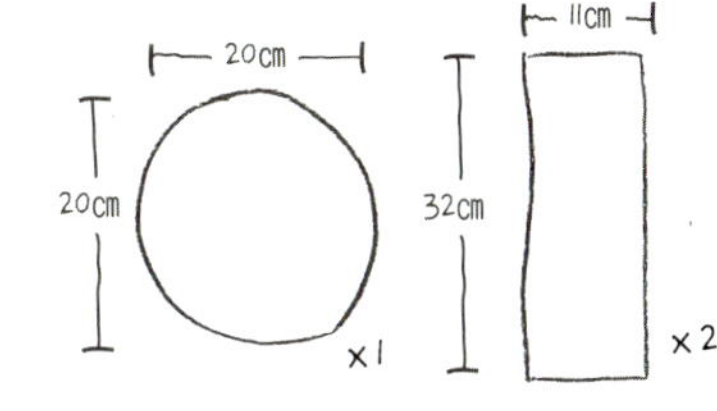

1   단색 원단 뒷면에 그림과 같이 지름 20㎝의
원형 1개와 32x11㎝의 직사각형 2개를 그려
재단한다.

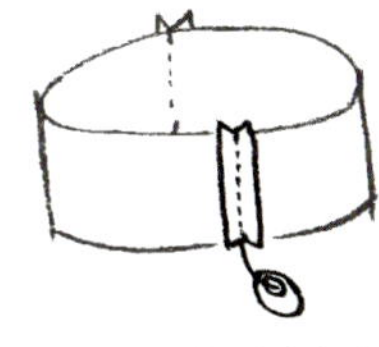

2   32x11㎝ 원단 2장을 겉끼리 마주보도록 겹쳐
놓고 양끝을 그림과 같이 박음질하여 원통형
으로 잇는다. 이때 시접은 0.5~0.7㎝ 정도로
한다.

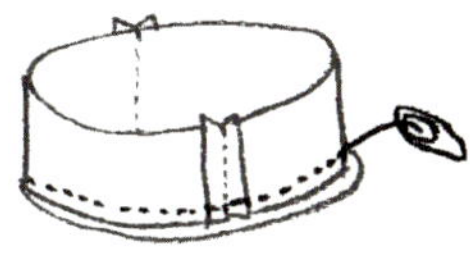

3   바닥 부분이 될 지름 20㎝ 단색 원형 원단을
②에 박음질로 연결한다. 이때 원단 겉면이
위를 향하도록 한다. 퀼팅 원단도 단색 원단
과 같은 방법으로 바느질해 바구니 모양이
2개 되도록 한다.

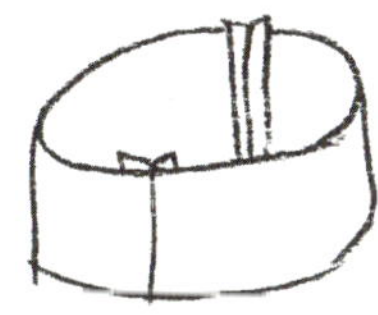

4   2개의 바구니 모양 원단을 각각 뒤집는다.

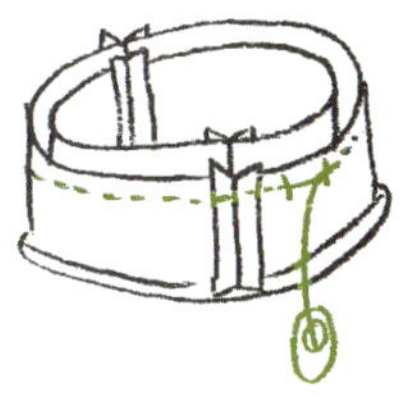

5   퀼딩 원단 안에 단색 원단의 겉면이 밖으로
나오도록 해 넣고 창구멍을 제외한 둘레를
박음질한다.

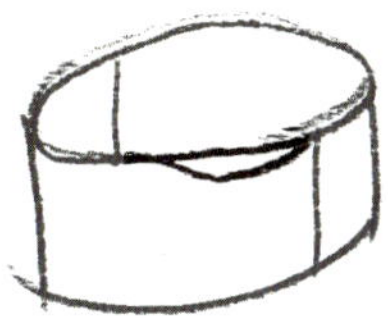

6   창구멍으로 뒤집는다. 창구멍은 공그르기로
마무리한다.

7   바구니 양쪽에 가죽 끈을 리벳으로 각각
고정시켜 손잡이를 만든다.

29 장바구니

장보기 놀이를 할 때는 장바구니로, 유치원에 갈 때는 보조가방으로 활용할 수 있어요.
아이가 좋아할 만한 예쁜 원단을 골라 만들어요.
장바구니로 환경을 생각하는 예쁜 마음씨를 길러주세요.

How to Make

- **소재** 면 원단
- **실물 크기** 가로 32㎝, 세로 32㎝, 손잡이 높이 8㎝
- **준비물** 겉감(무늬 원단) 35x90㎝ 1장 / 60x3.5㎝ 2장,
  안감(단색 원단) 35x90㎝ 1장, 폭 2.5㎝ 면끈 60㎝ 2줄

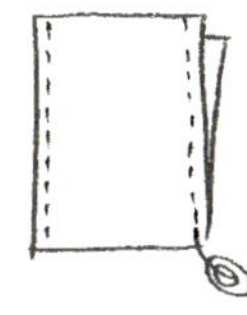

1 겉감용 무늬 원단을 겉끼리 마주보도록 반으로 접은 다음 양 옆면을 박음질한다.

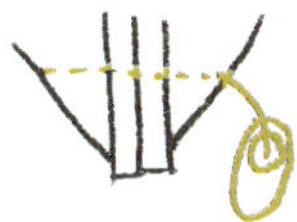

2 양쪽 모서리를 그림과 같이 삼각형으로 접어 삼각형 아랫면이 8㎝가 되도록 각각 박음질한다. 박음질 선 밖으로 남는 원단은 잘라낸다.

3 안감용 단색 원단도 ①~②와 같은 방법으로 바느질한다. 뒤집지 않고 그대로 둔다.

4 가방끈으로 사용할 면끈을 1줄씩 펼쳐놓고 그 위에 60x3.5㎝의 무늬 원단을 각각 올린다. 원단의 양옆을 안으로 접어 넣고 면끈과 함께 박음질해 가방끈을 완성한다.

5 바느질한 겉감을 뒤집는다.

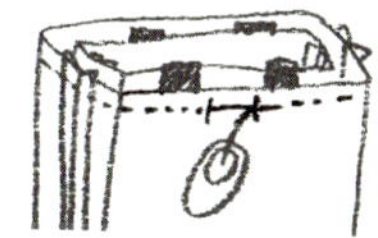

6 ③의 안감에 ⑤의 겉감을 그대로 넣고 안감과 겉감 사이에 가방끈 2개를 양쪽으로 끼워 넣는다. 가방 윗부분 둘레를 창구멍만 남기고 박음질해 겉감-끈-안감을 연결한다.

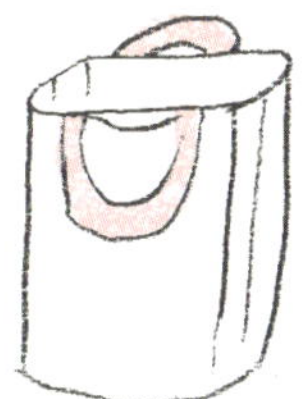

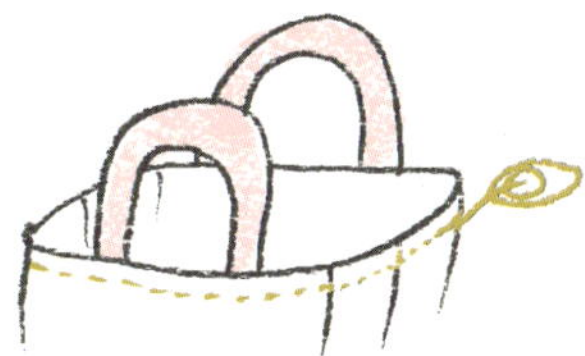

7 창구멍으로 뒤집어 겉감의 겉면이 밖으로 나오게 한 다음 입구 둘레를 눌러박기한다.

30 앞치마 세트

요리놀이를 할 때도, 유치원 미술시간에도 필요한 앞치마와 머릿수건이에요.
방수가 되는 코팅 원단으로 만들어 실용성까지 더했습니다.

How to Make

- ●**소재**　　라미네이트 코팅 원단
- ●**실물 크기**　앞치마 – 가로 57, 세로 49㎝ / 머릿수건 – 가로 37㎝, 세로 19㎝
- ●**준비물**　　겉감(라미네이트 코팅 원단) 60x50㎝ 1장 / 30x30㎝ 직삼각형 1장 / 20x15㎝ 1장,
　　　　　　안감(면 원단) 60x50㎝ 1장 / 30x30㎝ 직삼각형 1장, 폭 2.5㎝ 면끈 30㎝ 3줄,
　　　　　　폭 1.5㎝ 면끈 20㎝ 2줄, 벨크로테이프

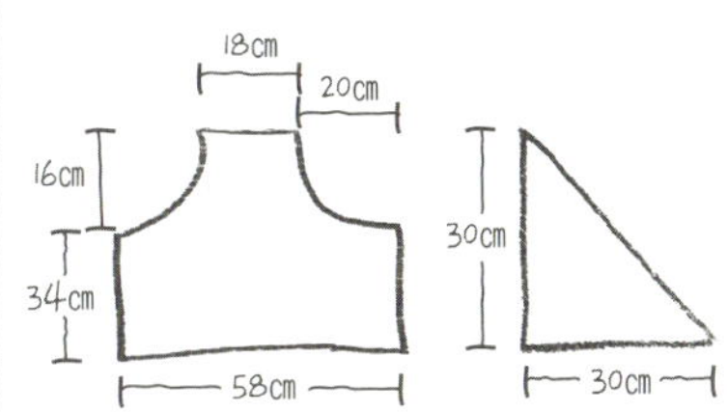

1 코팅 원단과 안감용 원단 뒷면에 그림과 같이 앞치마와 머릿수건 밑그림을 그려 재단한다.

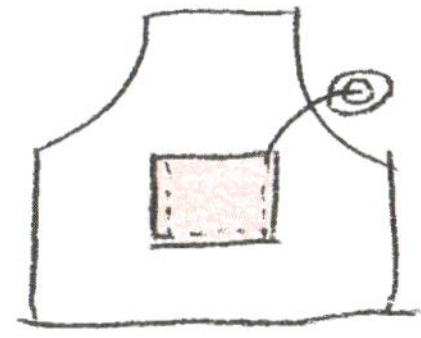

2 앞치마 모양 코팅 원단 앞면 가운데에 20x15㎝ 크기의 코팅 원단을 박음질해 주머니를 만든다. 원단 가장자리를 안으로 접어 넣고 바느질한다.

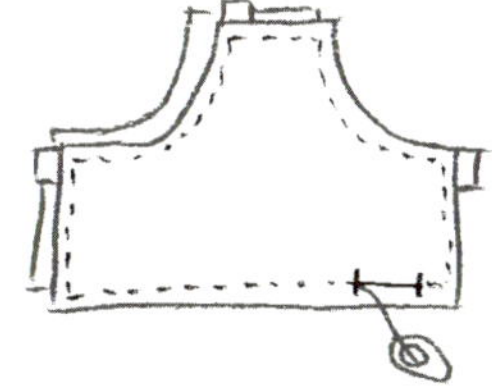

3 주머니를 단 코팅 원단 앞면과 안감 원단 앞면이 마주보도록 겹쳐놓는다. 두 원단 사이에 폭 2.5㎝ 면끈 3줄을 각각 목 부분과 앞치마 양옆에 끼운 다음 창구멍을 제외한 둘레를 박음질한다.

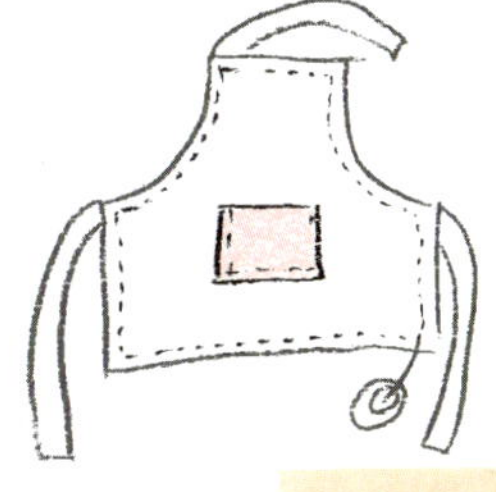

이때 창구멍도 함께 마무리돼요!

4 창구멍으로 뒤집은 다음 둘레를 눌러박기한다.

5 목과 양옆에 바느질해 연결한 끈의 끝부분은 각각 두 번씩 접어 박음질한다.

6 머릿수건용 삼각형 원단도 ③~⑤와 같은 방법으로 바느질한다.

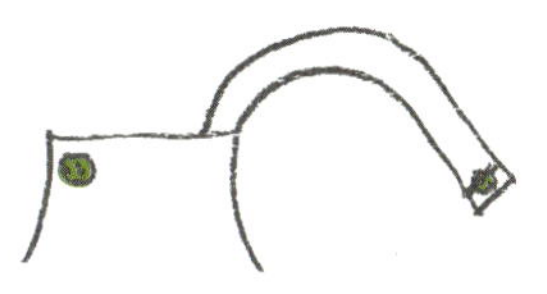

7 끈과 만나는 앞치마 위쪽 뒷면과 끈 끝에 벨크로테이프를 글루건으로 붙여 마무리한다.

31 바느질놀이

구멍에 실을 꿰어가며 노는 바느질놀이는 아이 손의
소근육 발달과 두뇌 발달에 도움을 줍니다.
진짜 바늘은 뾰족해서 위험하니 실과 바늘을 대신해
운동화 끈을 이용하면 좋아요.

How to Make

- **소재**　　　 펠트
- **실물 크기**　 티셔츠 – 가로 17㎝, 세로 10㎝ / 운동화 – 가로 11㎝, 세로 14㎝
- **준비물**　　 두께 0.12㎝ 펠트 주황색 17x10㎝ 2장 / 청록색 11x14㎝ 2장, 운동화 끈 2줄, 펀치

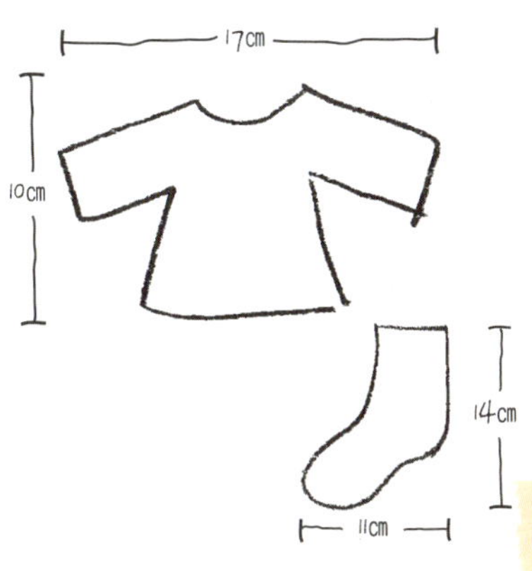

1 주황색과 청록색 펠트에 각각 티셔츠와
운동화 모양 밑그림을 2개씩 그려 오린다.

2 같은 모양끼리 겹쳐놓고 둘레를 따라 구멍을
뚫는다.

3 운동화 끈의 한쪽 끝을 시작지점으로 정한
펠트의 구멍 한 곳에 묶어 연결한다. 끈 반
대쪽을 구멍에 통과시키며 바느질 연습을
한다.

32 화장대

외모에 관심이 많아진 꼬마숙녀에게는 화장대를 만들어 선물하세요.
위험하지 않은 필름으로 거울도 만들어 붙이고 소지품을 넣어둘 수 있도록
서랍도 빠뜨리면 안돼요.

How to Make

- **소재**　　나무

- **실물 크기**　가로 40㎝, 높이 45㎝, 깊이 20㎝

- **준비물**　두께 1.8㎝ 삼나무 판 40x40㎝ 1장 / 40x18.2㎝ 2장 / 18.2x6.4㎝ 12장, 두께 1.2㎝ 삼나무 판
36x6㎝ 2장 / 15.8x6㎝ 2장 / 33.6x15.8㎝ 1장, 거울 필름 30x20㎝ 1장, 다리(DIY용 기성제품) 4개,
별 모양 손잡이(DIY용 기성제품) 1개, 친환경 페인트, 바니시, 목공용 본드, 못, 나사, 양면테이프

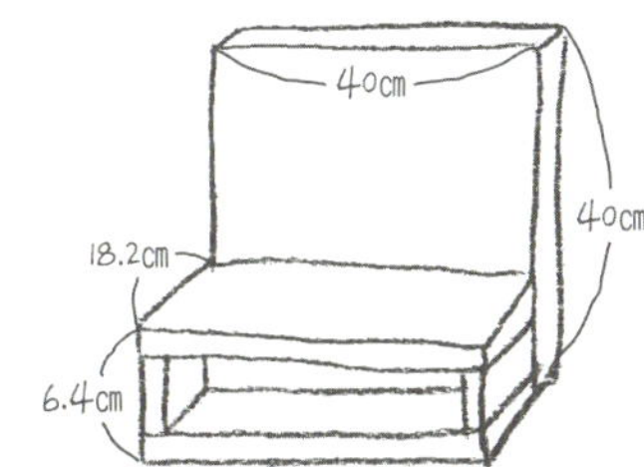

1 두께 1.8㎝의 삼나무 판들을 그림과 같이 연
결해 화장대 모양 틀을 만든다. 나무 판 사이
는 목공용 본드로 붙인 다음 못을 박아 고정
시킨다.

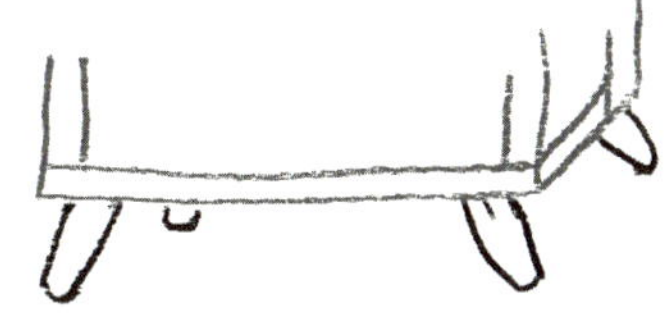

2 화장대 아래쪽에 다리 4개를 붙인다. 목공용
본드로 먼저 붙인 다음 못을 박아 고정시킨다.

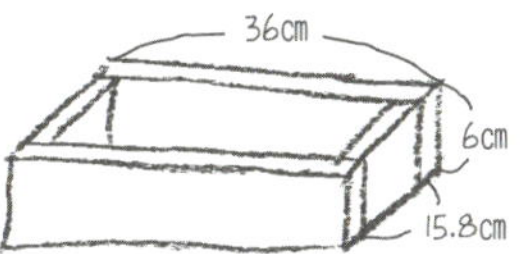

3 두께 1.2㎝의 삼나무 판 5장을 그림과 같이
연결해 서랍을 만든다. 나무 판 사이는 목공
용 본드로 붙인 다음 못을 박아 고정시킨다.

4 화장대 본체와 서랍에 친환경 페인트를 칠한
다음 페인트가 완전히 마르면 모서리를 샌
드페이퍼로 문질러 다듬는다. 바니시를 칠해
마무리한다.

5 화장대 앞면에 양면테이프로 거울 필름을
붙인다.

6 서랍 앞쪽에는 별 모양 손잡이를 달아 완성
한다. 손잡이는 나무 판에 구멍을 뚫고 나사
를 이용해 고정시킨다.

PART 3

놀며 배우기

33 알파벳 블록

알파벳을 익히면서 블록놀이도 할 수 있는 오너먼트를 만들었어요.
아이만의 방법으로 가지고 놀면서 자연스럽게 ABC를 익힐 수 있어요.
나무 모서리는 반드시 샌드페이퍼로 잘 다듬어주세요.

How to Make

- **소재**   나무
- **실물 크기**   가로 5㎝ x 세로 5㎝
- **준비물**   두께 1.8㎝ 삼나무 판 5x5㎝ 26개, 스텐실 도구, 아크릴물감, 바니시, 샌드페이퍼

1 26개의 삼나무 조각 각각에 알파벳 대문자를 차례로 써 넣은 다음 스텐실 기법으로 색색의 알파벳을 그려 넣는다.

2 나무 모서리는 샌드페이퍼로 문질러 다듬는다.

3 물감이 완전히 마르면 바니시를 칠해 마무리 한다.

4 뒷면에 같은 방법으로 소문자를 그려 넣는다.

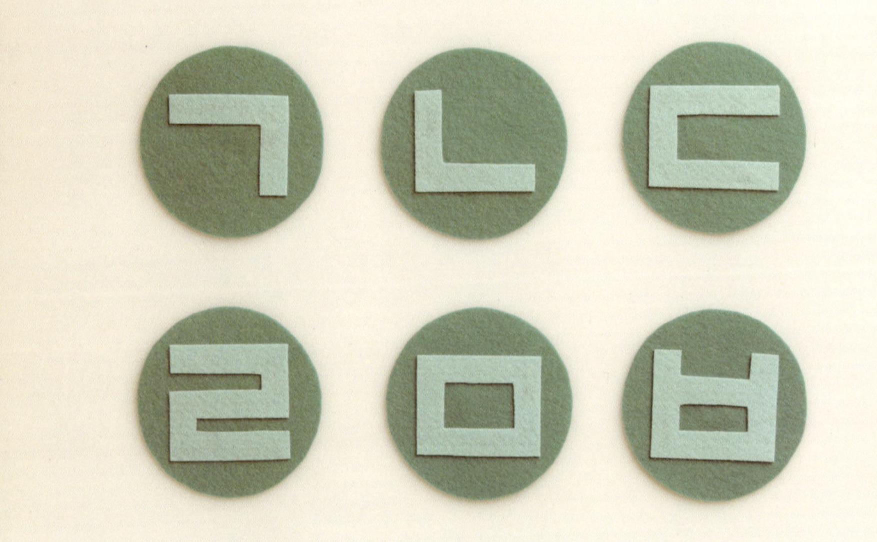

34 한글 자석

글자에 관심을 가지기 시작할 때 만들어주면 좋은 장난감이에요.
자음과 모음을 따로 만들어 조합하는 방법을 배우는 데 도움이 됩니다.
한글 카드로 활용해도 좋고 자석을 이용해 칠판에 붙여가며 놀아도 됩니다.

How to Make

- **소재**　　펠트, 자석
- **실물 크기**　지름 9.5㎝
- **준비물**　두께 0.12㎝ 펠트 진하늘색 지름 9㎝ 14장 / 하늘색 자투리 펠트, 평면고무자석 14개, 글루건

1 진하늘색 펠트를 재단해 지름 9㎝ 원형 14개를 만든다. 하늘색 펠트로 한글의 자음 ㄱ~ㅎ 모양을 그려 재단한다.

2 원형 펠트에 각각 자음을 하나씩 올려놓는다.

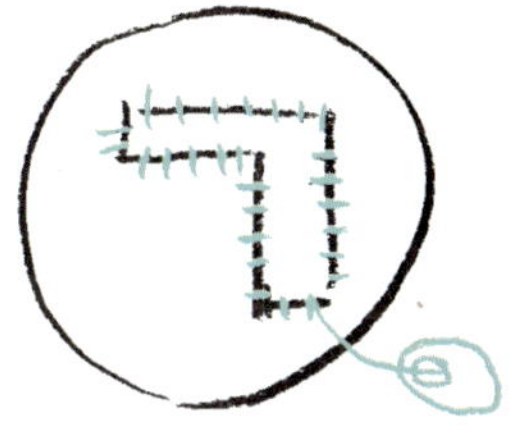

3 글자를 색실로 스티치하거나 글루건으로 붙인다.

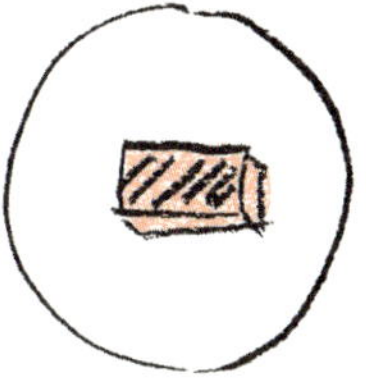

4 한글 카드 뒷면에 평면고무자석을 잘라 글루건으로 붙여 완성한다. 같은 방법으로 모음 카드도 만든다.

35 숫자주사위

만지고 던지며 노는 감각놀이 장난감이에요.
스펀지를 사용하면 가볍고 다칠 염려가 없어요.
안쪽에 방울을 넣어 소리 나게 만들어도 좋아요.
아이가 수의 개념을 익힐 때까지 활용하세요.

How to Make

- **소재** 펠트, 스펀지
- **실물 크기** 가로 10㎝, 세로 10㎝, 높이 10㎝
- **준비물** 스펀지 10x10x10㎝ 1개, 두께 0.12㎝
  펠트 10x10㎝ 6장, 자투리 펠트 조금,
  색실, 딸랑이 1개, 글루건

1 10x10㎝의 정사각형 펠트 6장을 만든다.
자투리 펠트를 활용해 1~6의 숫자와 작은
동그라미 총 21개를 만든 다음 정사각형
펠트 위에 글루건으로 각각 붙인다.

2 스펀지 가운데에 칼집을 내고 딸랑이를 넣는다.

3 스펀지에 펠트 2장을 올리고 펠트와 펠트가
맞닿는 모서리를 그림과 같이 버튼홀스티치
로 연결한다.

4 펠트를 1장씩 연결해가며 주사위 둘레를 모두
버튼홀스티치로 마무리한다.

36 그림퍼즐

나무 판에 그림을 그린 다음 4조각으로
나누어 간단한 그림퍼즐을 만들었어요.
나무를 자르고 다듬고 그림을 그린 엄마
의 정성으로 아이는 세상에 하나뿐인 퍼
즐을 갖게 됩니다.

How to Make

- **소재**　나무

- **실물 크기**　가로 30.5㎝, 세로 30.5㎝, 높이 2㎝

- **준비물**　두께 1.2㎝ 삼나무 판 30.5x5㎝ 2장 / 20.5x5㎝ 2장 / 10x10㎝ 4장,
두께 0.48㎝ 합판 30.5x30.5㎝ 1장, 유성펜, 아크릴물감, 바니시, 목공용 본드, 태커

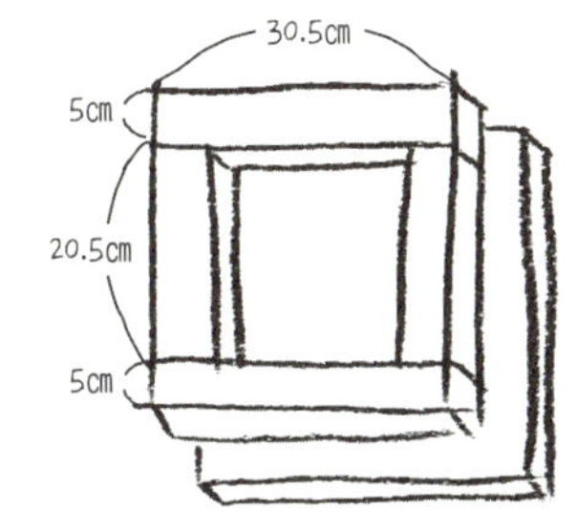

1　정사각형 합판 둘레에 삼나무 판을 붙인다.
위와 아래쪽에는 길이 30.5㎝의 나무 판을,
양옆에는 길이 20.5㎝의 나무 판을 붙인다.
나무 판은 목공용 본드를 이용하면 쉽게 붙일
수 있다. 뒷면에는 목공용 본드와 태커를
이용해 합판을 붙인다.

2　10x10㎝의 정사각형 삼나무 판 4장을 한데
모아 그 위에 하나의 큰 그림을 그린다.
밑그림에 따라 아크릴물감으로 색칠한다.

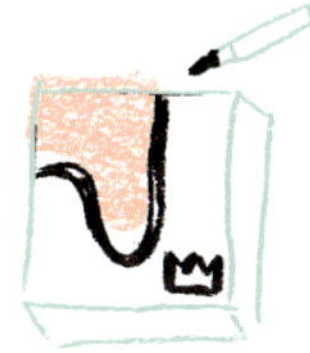

3　그림의 테두리를 따라 유성펜으로 마무리
선을 그린다.

4　물감과 펜이 완전히 마르면 샌드페이퍼로
모서리를 문질러 다듬은 다음 바니시를 칠
해 마무리한다.

5　밑판 위에 4조각의 그림을 끼워 넣어 완성한다.

37 빨간 비틀 자동차

딱정벌레 모양의 자동차에 대한 엄마의 로망이 담겨 있어요.
바퀴가 돌아가도록 만들어 돌돌 굴리며 놀기 좋아요.

How to Make

- **소재** 나무
- **실물 크기** 가로 17㎝, 세로 9㎝, 폭 4㎝
- **준비물** 두께 1.8㎝ 삼나무 판 20x10㎝ 1장, 지름 3㎝ 원형 나무 조각 0.8㎝ 4개, 지름 0.6㎝ 나무 심 3㎝ 2개, 아크릴 물감, 목공용 본드

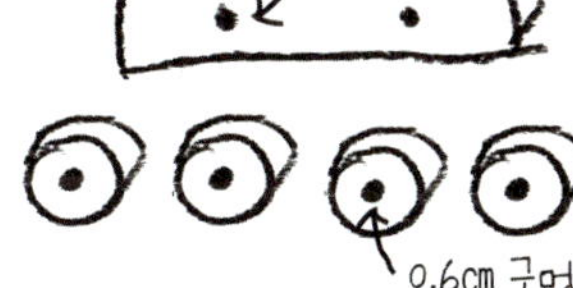

주의!
이때 바퀴의 양면에 모두 구멍이 생기지 않도록 두께의 2/3 정도까지만 뚫도록 하세요.

1 삼나무 판 위에 자동차 모양의 밑그림을 그려 재단한다. 아래쪽 두 군데에 지름 1㎝ 정도의 구멍을 뚫어 바퀴가 연결될 부분을 만든다. 바퀴가 될 원형 나무 조각에는 지름 0.6㎝ 정도의 구멍을 뚫는다.

2 자동차 몸통에는 빨간색, 바퀴에는 갈색 아크릴물감을 칠한다.

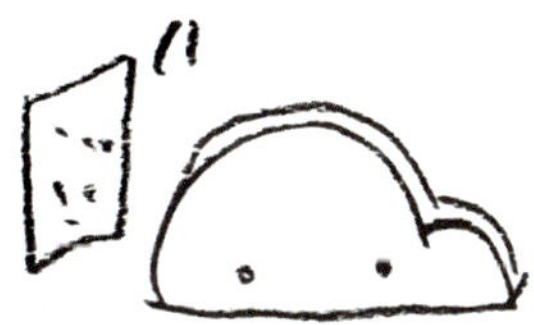

3 자동차 가장자리를 사포로 문질러 부드럽게 만든다.

4 물감이 마르면 그 위에 바니시를 칠한다.

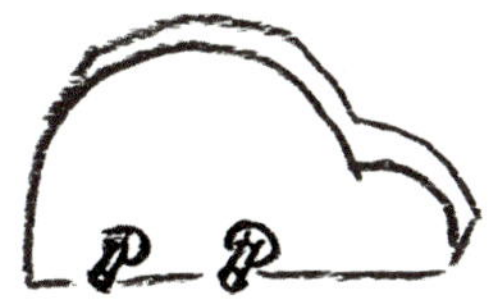

5 자동차 아래쪽 구멍에 나무 심을 끼워 넣는다.

6 나무 심 양쪽에 목공용 본드를 바르고 바퀴를 끼워 고정시킨다.

38 기차

'장난감 기차가 칙칙 떠나간다~' 노래를
부르며 아이와 함께 놀아요. 기차의 칸수
를 원하는 만큼 늘려 길게 이어 붙여 놀아
도 재미있어요. 기차 칸에 좋아하는 장난
감을 넣을 수도 있어요.

How to Make

- **소재**   나무
- **실물 크기**   기차 너비 10㎝, 길이 26㎝, 높이 12㎝
- **준비물**   두께 1.2㎝ 삼나무 판 11x5.5㎝ 6장 / 5.5x3.1㎝ 5장, 두께 1.8㎝ 삼나무 판 지름 10㎝ 원형 1장, 지름 3㎝ 원형 나무 조각 0.8㎝ 8개 / 3㎝ 1개 / 5㎝ 1개, 물음표 모양 고리 2개, 아크릴물감, 바니시, 목공용 본드, 못

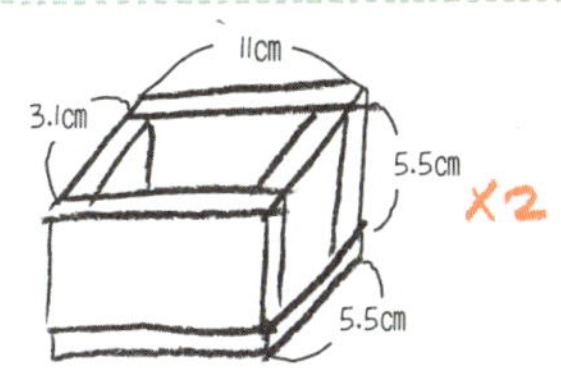

1   11x5.5㎝와 5.5x4.3㎝의 삼나무 판(두께 1.2㎝)을 이어 붙여 상자 모양 2개를 만든다. 나무 판 사이는 목공용 풀로 붙이거나 그 위에 다시 못을 박아 고정시킨다.

2   상자 하나는 뚫린 부분이 아래로 가도록 하고 다른 하나는 뚫린 부분이 위로 가도록 놓는다. 상자 아래쪽에 지름 3㎝ 원형 나무 조각(0.8㎝) 8개를 좌우로 붙여 바퀴를 만든다. 상자 안에 칸막이를 넣어도 좋다.

3   구멍이 아래쪽으로 뚫린 상자 앞쪽에 지름 10㎝ 원형 나무 판을 붙여 기차 앞모습을 완성한다. 윗면에는 5㎝와 3㎝ 길이의 나무 조각을 각각 붙여 장식한다.

4   기차 각 부분을 아크릴물감으로 칠한다.

5   물감이 완전히 마르면 샌드페이퍼로 문질러 다듬은 다음 바니시를 칠해 마무리한다.

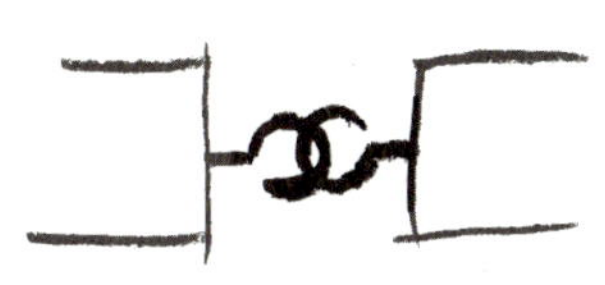

6   상자 2개 사이에 각각 물음표 모양 고리를 하나씩 박아 기차를 서로 연결한다.

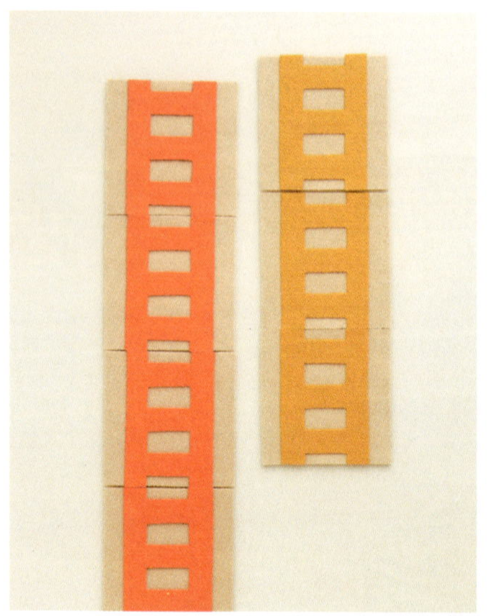

39 기찻길

기차놀이에 활용해도 좋고 가지고 있던 자동차 등과 함께 마을 꾸미기를
할 때에도 필요해요. 펠트로 만든 기찻길을 둥글게 모으거나 마음대로
늘어놓아 새로운 길을 만들 수 있어요.

How to Make

- **소재** 펠트
- **실물 크기** 12x12㎝(1칸 크기)
- **준비물** 두께 0.3㎝ 펠트 12x12㎝ 12장, 두께 0.12㎝ 펠트 12x12㎝ 12장, 글루건

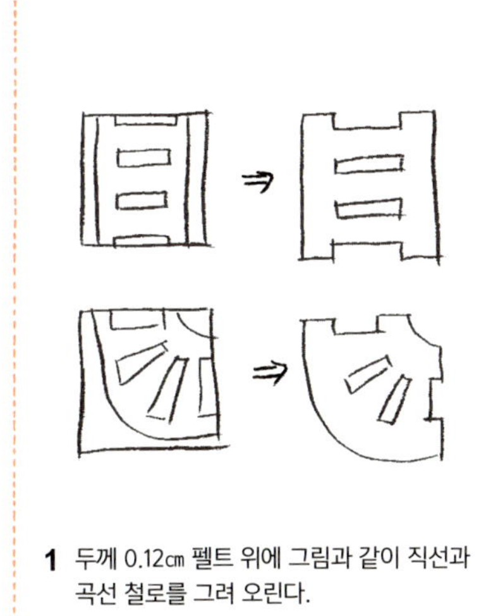

1 두께 0.12㎝ 펠트 위에 그림과 같이 직선과
곡선 철로를 그려 오린다.

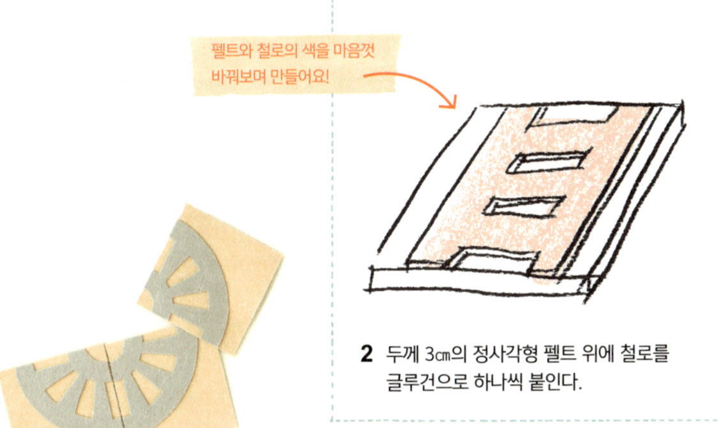

2 두께 3㎝의 정사각형 펠트 위에 철로를
글루건으로 하나씩 붙인다.

40 돛단배

우유팩을 재활용해서 만들어요.
우유팩 겉면에 접착 시트를 붙였더니 감쪽같이 훌륭한 장난감으로 변신했어요.
시트지에 코팅이 되어 있으니 목욕할 때 가지고 놀아도 좋아요.

How to Make

- **소재** 　　 우유팩, 접착 시트지
- **실물 크기** 　너비 7㎝, 길이 13㎝, 높이 18㎝
- **준비물** 　　우유팩(작은 것) 1개, 무늬 있는 스트로 2개, 접착 시트지, 자투리 펠트 조금, 글루건

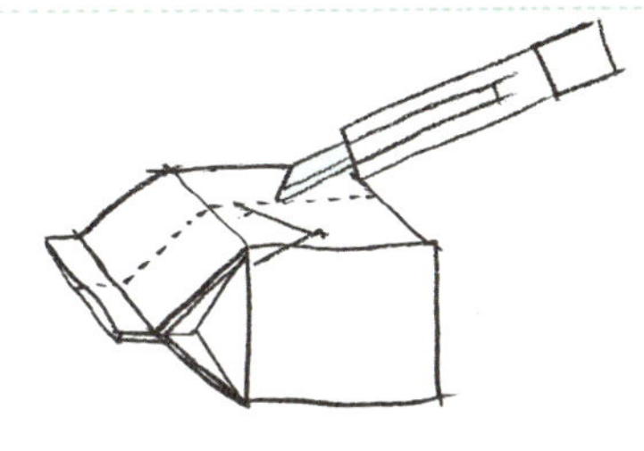

1 깨끗이 씻은 우유팩을 길이로 반 갈라 속까지
완전히 말린다.

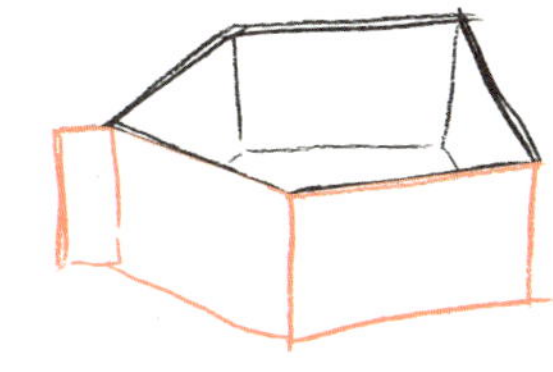

2 우유팩 겉면에 접착 시트지를 붙인다.

3 무늬가 있거나 컬러가 예쁜 스트로를 준비해
한쪽 끝에 약 4㎝ 길이의 칼집을 낸다.

4 자투리 펠트를 삼각형으로 오려 깃발을
만든다. ③의 칼집에 깃발을 끼운다.

5 자투리 펠트를 동그랗게 오린 다음 ④의
스트로를 세워 붙인다.

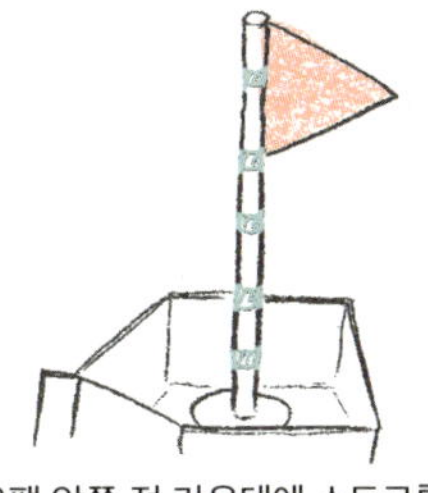

6 우유팩 안쪽 정 가운데에 스트로를 붙인
펠트를 붙여 완성한다.

41 종이비행기

색종이나 광고지로 종이비행기를 접었던
기억이 납니다.
바람에 따라 날아가는 방향도 거리도 달
라지는 종이비행기는 요즘 아이들도 좋
아하는 장난감이에요.

How to Make

- **소재** 종이
- **실물 크기** 너비 12㎝, 길이 17㎝, 높이 5㎝
- **준비물** 무늬가 있는 종이 29x21㎝ 1장

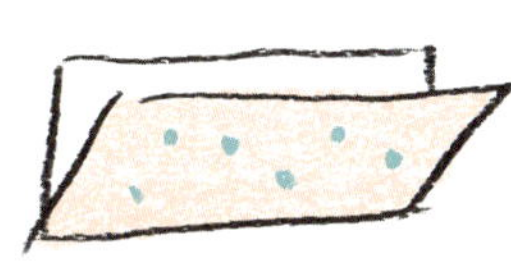

1 종이를 길이로 반 접었다가 다시 편다.

2 길이가 긴 면을 세로 방향으로 두고 그림과 같이 양쪽 윗면을 삼각형으로 접어 내린다.

3 길이 전체를 1/2에 가깝게 접어 내린다.

4 다시 양쪽 윗면을 삼각형으로 접어 내린다.

5 가운데 부분에 뾰족한 삼각형 모서리로 내려와 있는 부분을 그림과 같이 위로 접어 올린다.

6 가운데 접었던 선을 중심으로 양쪽을 폭의 절반이 되도록 밖으로 접어 날개를 만든다.

42 낚시놀이

색감 고운 울펠트로 물고기와 바다생물을 만들어요.
자석이 철에 달라붙는 성질도 배우고 근육 발달에도 좋은 놀이
입니다.

How to Make

- **소재** 울펠트, 나무 막대
- **실물 크기** 낚싯대 – 지름 1.5㎝, 길이 24㎝ /
  물고기 – 너비 3㎝, 길이 5㎝
- **준비물** 울펠트 3~4가지 색, 지름 1.5㎝
  나무 막대 24㎝ 1개, 마끈 30㎝ 1줄,
  자석 2개, 클립 4개, 글루건

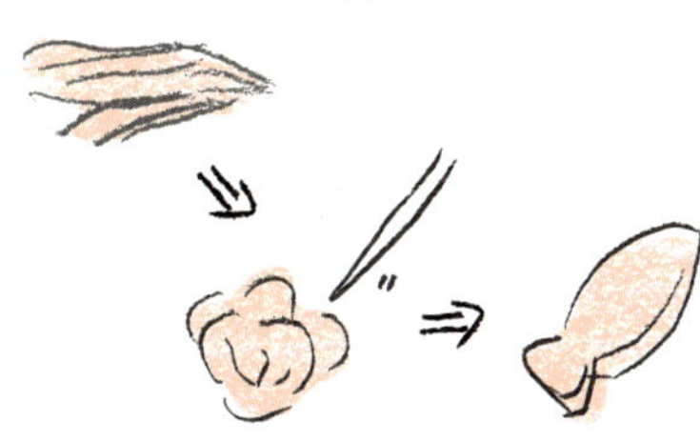

1 울펠트를 적당량 뜯어내어 양모바늘로
찌르듯이 뭉쳐 물고기 모양을 만든다.

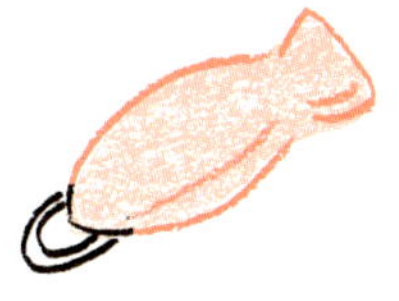

2 물고기 입 부분에 가위집을 내어 클립을 끼운
다음 글루건으로 붙여 고정시킨다.

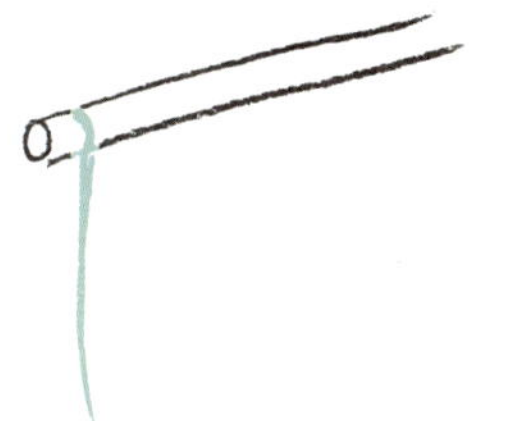

3 나무 막대 한쪽 끝에 칼로 살짝 홈을 내고
그 자리에 마끈을 묶어 낚싯줄을 만든다.

4 끈의 반대쪽 끝에 자석 2개를 연결해 낚싯대
를 완성한다.

43 실 전화기

아이들에게 스마트폰 대신 종이컵으로 만든 실 전화기를 선물해주세요.
실만 연결되어 있으면 제법 멀리 떨어진 곳에서도 통화할 수 있어요.

How to Make

- **소재** 종이컵, 실
- **실물 크기** 종이컵(윗면 지름 8㎝, 높이 10㎝)
- **준비물** 종이컵 2개, 색실, 아크릴물감

1 종이컵 겉면에 아크릴물감을 톡톡 찍어 도
트무늬를 그려 넣는다.

2 종이컵 2개 모두 바닥에 송곳으로 작은
구멍을 뚫는다.

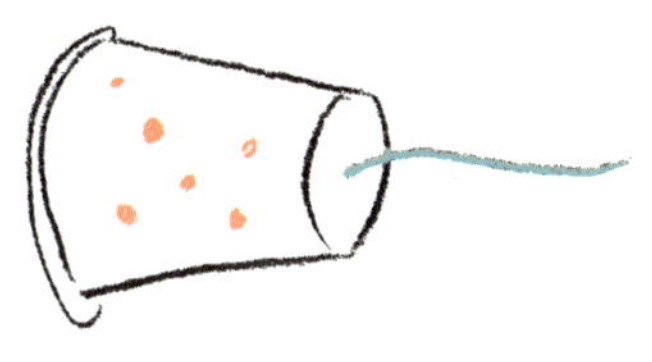

3 종이컵 구멍에 색실을 끼운다. 실 길이는
자유롭게 조절할 수 있다.

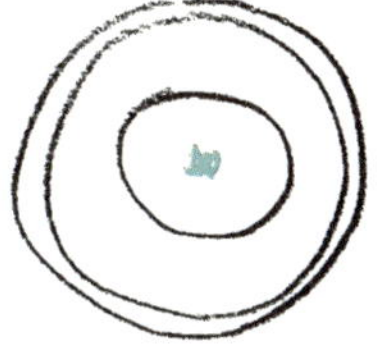

4 종이컵 안쪽에서 실을 매듭지어 고정시킨다.

44 윷놀이

어릴 적 명절마다 했던 윷놀이 도구예요.
요즘 아이들에게는 보드게임이 되겠지요.
다양한 장난감이 많지만 이런 민속놀이도 몇 가지쯤 알려주세요.

How to Make

- **소재**   펠트
- **실물 크기**   윷판 – 36x36㎝ / 윷가락 – 너비 3㎝, 길이 12㎝, 높이 1.5㎝
- **준비물**   두께 0.3㎝ 펠트 36x36㎝ 1장, 두께 0.12㎝ 펠트 12x4.5㎝ 4장 / 12x3㎝ 4장 / 지름 4.5㎝ 원형 5장 / 지름 3㎝ 원형 24장 / 지름 3㎝ 반원형 8장, 자투리 펠트 조금, 색실, 구름솜, 글루건

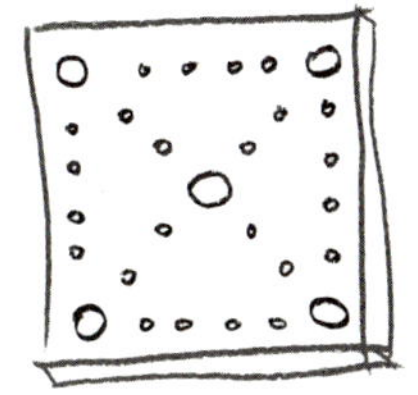

1 36x36㎝로 자른 펠트 위에 그림과 같은 배열에 따라 동그랗게 오린 펠트를 글루건으로 붙여 윷판을 만든다.

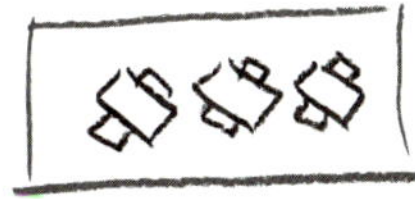

2 12x4.5㎝ 크기로 자른 펠트 위에 자투리 펠트를 잘라 각각 X자 모양으로 붙인다.

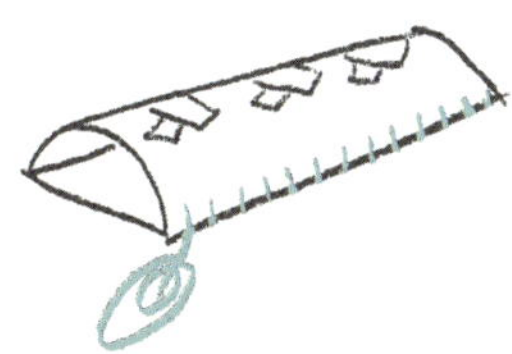

3 ②의 펠트와 12x3㎝ 크기로 자른 펠트를 각각 1장씩 겹쳐놓고 길이가 긴 쪽 양면을 버튼홀스티치로 연결한다.

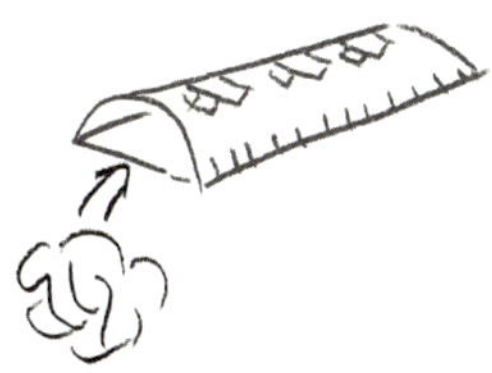

4 윷가락 모양이 된 펠트 안쪽에 구름솜을 고르게 채워 넣는다.

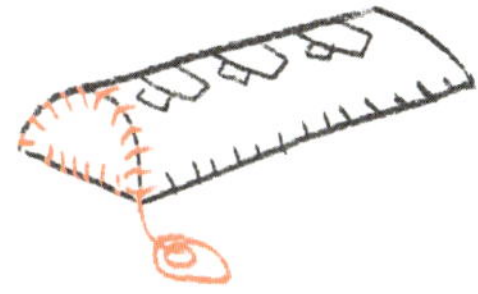

5 반원 모양으로 자른 펠트로 윷가락의 양쪽 뚫린 부분을 각각 막는다. 이때도 버튼홀스티치로 연결한다. 4개의 윷가락 모두 같은 방법으로 완성한다. 1개의 윷가락 뒷면에는 삼각형 자투리 펠트를 붙인다.

45 칠교놀이

칠교놀이는 가베놀이의 일종이에요.
시중에 판매하는 나무 소재 칠교놀이를 보고 펠트로 응용했어요.
알록달록 색깔도 예쁘고 가벼워서 외출할 때 챙겨 나가기에도 좋아요.

How to Make

- **소재** 펠트
- **실물 크기** 16x16㎝(전체 틀)
- **준비물** 두께 0.3㎝ 펠트 16x16㎝ 1장, 두께 0.12㎝ 펠트 색색 자투리 조금씩, 색실

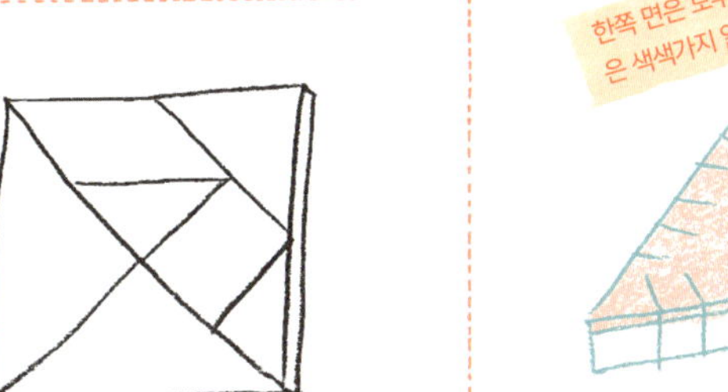

1 그림을 참고하여 16x16㎝ 펠트를 잘라 7가지
조각을 만든다. 색색의 펠트도 같은 모양과
크기로 각각 잘라 7가지 조각을 만든다.

2 16x16㎝ 큰 펠트에서 자른 조각과 같은
모양의 펠트를 겹쳐놓고 둘레를 버튼홀스
티치로 연결한다. 7가지 모두 같은 방법
으로 만들어 양면 조각이 되도록 한다.

46 공기

다섯 개의 공기 알맹이를 천으로 만들었어요.
안에는 모래나 좁쌀을 채워 넣고요.
집에 있는 자투리 원단이나 아이가 입던 티셔츠 등을
이용해 만들어보세요.

How to Make

- **소재**　　자투리 원단 또는 재활용 옷
- **실물 크기**　가로 1.5㎝, 세로 1.5㎝, 높이 1.5㎝
- **준비물**　자투리 원단 7x3.5㎝ 5장, 모래 또는 좁쌀, 글루건

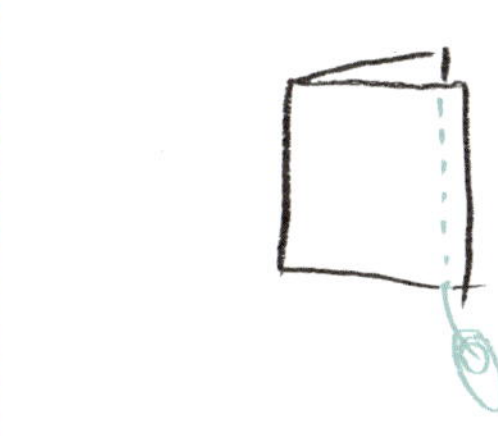

1 크기대로 자른 원단 1장을 겉면끼리 마주보도록 반으로 접은 다음 만나는 부분을 박음질한다.

2 원단을 뒤집는다.

3 뚫려 있는 양쪽 중 한쪽 원단을 그림과 같이 선물 포장하듯이 접어 글루건으로 고정시킨다.

4 나머지 한쪽으로 모래나 좁쌀을 채워 넣는다.

5 ③과 같이 마무리해 구멍을 막는다. 나머지 원단 4장도 같은 방법으로 만들어 공기 5알을 완성한다.

47 딱지

어릴 적 가지고 놀던 딱지 기억하세요?
동그란 모양 종이 딱지나 달력을 접어 만든 네모난 딱지가 있어요.
예쁜 무늬의 두께 있는 종이로 딱지를 만들어 아이와 함께 게임해보세요.

How to Make

- **소재**　　　종이
- **실물 크기**　가로 7㎝, 세로 7㎝
- **준비물**　　무늬 있는 종이 21x7㎝ 2장

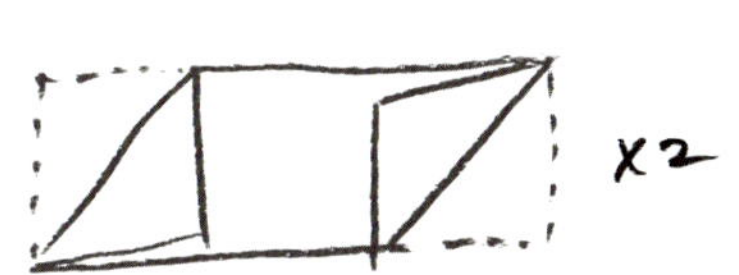

1 길이가 긴 쪽을 가로로 놓고 종이의 양끝을
그림과 같이 삼각형으로 각각 접어 내린다.
나머지 1장도 같은 방법으로 접어 모두 2개를
만든다.

2 2장의 종이를 십자 모양으로 겹쳐놓는다.

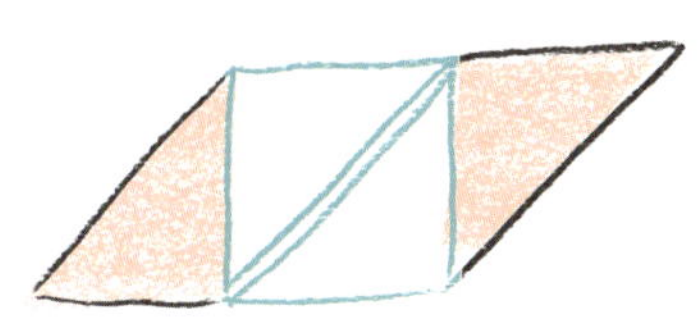

3 아래쪽에 있는 종이의 삼각형 부분을
가운데를 향해 각각 접는다.

4 위쪽 종이 양쪽도 가운데를 향해 각각 접어
아래쪽 종이 사이에 끼워 고정시킨다.

48 만화경

구멍을 통해 들여다보면 황홀한 세상이 펼쳐지는 만화경이에요.
거울을 삼각형으로 붙여 안쪽의 작은 종이조각들이 만들어내는
모양을 구경하는 재미가 쏠쏠하지요.

How to Make

- **소재**　　　　합판, 펠트
- **실물 크기**　　삼각형 모서리 5㎝, 길이 20㎝
- **준비물**　　　두께 0.48㎝ 합판 20x5㎝ 3장, 거울 필름 20x5㎝ 3장, 두께 0.12㎝ 펠트 20x20㎝ 1장,
　　　　　　　　OHP필름, 작은 종이조각들, 장식용 스티커, 양면테이프

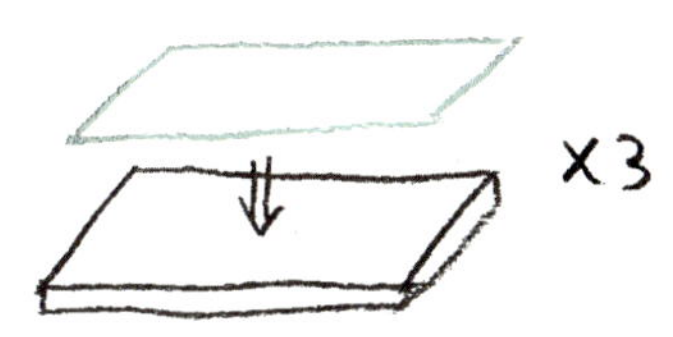

1 20x5㎝로 자른 합판 3장에 같은 크기의 거울
필름을 양면테이프로 각각 붙인다.

2 합판 3개를 삼각기둥 모양으로 모아 테이프
로 고정시킨다. 이때 거울이 안쪽으로 가도록
한다.

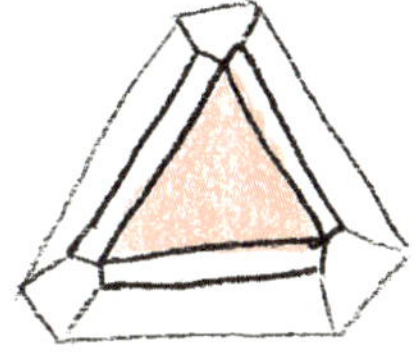

3 OHP필름을 기둥 양쪽 끝 삼각형과 같은
사이즈로 오려 2장을 만든다.

4 삼각기둥 안에 작은 종이조각들을 넣고
양쪽 끝을 ③의 OHP필름으로 막는다.

5 만화경 겉면은 펠트를 둘러가며 붙인다.
양면테이프를 이용하면 쉽게 붙일 수 있다.

6 스티커나 라벨 조각 등으로 장식해 만화경을
완성한다.

49 도미노

작은 나무토막들에 예쁘게 색을 칠해 도미노를 만들어보세요.
줄줄이 세워놓고 한 쪽을 툭 건드려 좌르륵 쓰러뜨리는 놀이입니다.

How to Make

- **소재**   나무
- **실물 크기**   가로 5㎝, 세로 10㎝, 폭 1.8㎝
- **준비물**   두께 1.8㎝ 삼나무 조각 5x10㎝ 24개,
  아크릴물감, 바니시, 샌드페이퍼

2 물감이 완전히 마르면 샌드페이퍼로 모서리를
문질러 다듬는다.

원하는 색깔을 사용하세요! 도미노조각
이 모두 같은 색이면 지루하니까요.

1 삼나무 판을 5x10㎝ 크기로 잘라 총 24개를
만든다. 각각의 조각에 아크릴물감을 칠한다.

3 바니시를 칠해 마무리한다.

바닥이 평평하게 잘 잘라지지 않으면 도미노가
기우뚱해지니 재단할 때 신경쓰세요!

4 간격을 맞추어 바닥에 하나씩 세워놓는다.

50 고리 끼우기

손의 소근육 발달과 숫자 인지에 좋은 놀이에요.
대형 문구점에서 구할 수 있는 동그란 나무 고리를 이용하면 쉽게 만들 수 있어요.
아이가 동그란 고리를 입에 넣지 않도록 주의하세요.

How to Make

- **소재**　　　　나무, 원형 고리
- **실물 크기**　틀 가로 15.5㎝, 폭 5.5㎝, 봉 높이 7㎝
- **준비물**　　　두께 1.2㎝ 삼나무 판 16x6㎝ 1장, 지름 3.4㎝ 원형 고리 12개, 지름 1.5㎝ 나무 봉 4㎝ 1개 /
4.8㎝ 1개 / 5.6㎝ 1개, 아크릴물감, 바니시, 목공용 본드, 못

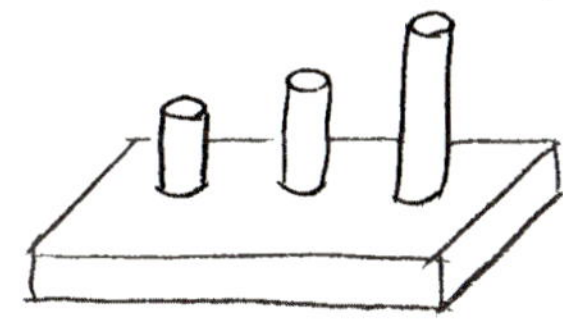

1 16x6㎝ 크기로 재단한 삼나무 판에 나무 봉 3
개를 키 순서대로 고정시킨다. 나무 봉 끝에 목
공용 본드를 발라 고정시킨 다음 아래쪽에서
못을 박으면 더욱 단단하게 고정시킬 수 있다.

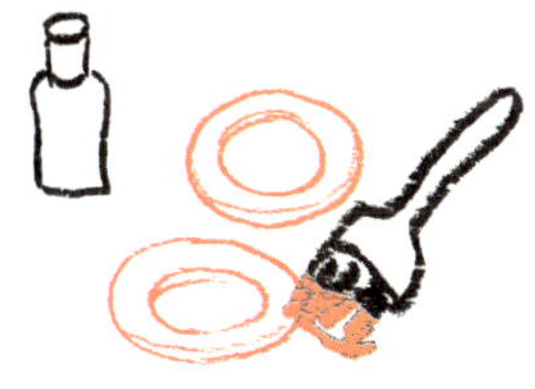

2 원형 고리를 3개, 4개, 5개씩 짝지어 3가지색
아크릴물감으로 각각 칠한다.

3 나무 틀과 봉, 고리에 바니시를 칠해 마무리
한다.

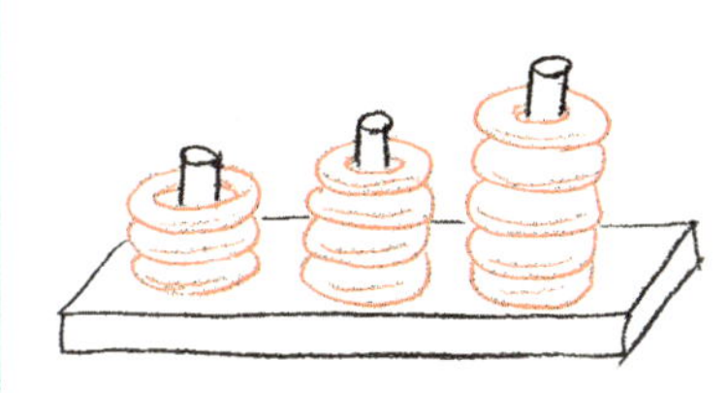

4 나무 봉에 원형 고리를 나누어 끼운다.

51 드럼

아이들은 아주 어릴 때부터 두드리며 노는 악기를 좋아해요.
엄마 손으로 인디언 마을에 있을 법한 분유통 드럼을 만들어주세요.
뚜껑에 펠트를 붙여 두드려도 너무 시끄럽지 않아요.

How to Make

- **소재**   분유통, 펠트
- **실물 크기**   분유통 2개 크기
- **준비물**   분유통 2개, 두께 0.12㎝ 펠트 40x7㎝ 진하늘색 2장 / 40x15.5㎝ 하늘색 1장 /
  40x15.5㎝ 민트색 1장 / 지름 9.5㎝ 아이보리색 2장, 자투리 펠트 조금,
  분유 스푼 2개, 글루건

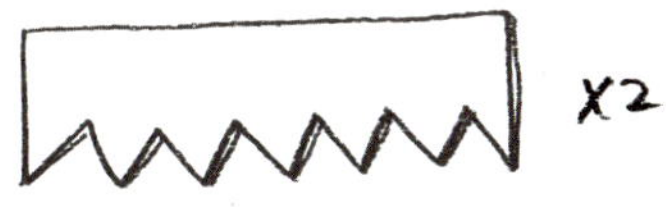

1 40x7㎝로 자른 진하늘색 펠트 2장의 아래쪽
을 그림과 같이 톱니 모양으로 자른다.

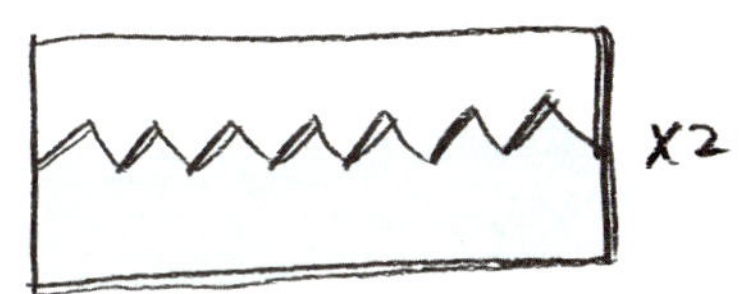

2 40x15.5㎝ 크기의 하늘색과 민트색 펠트에
각각 ①의 펠트를 글루건으로 붙인다.

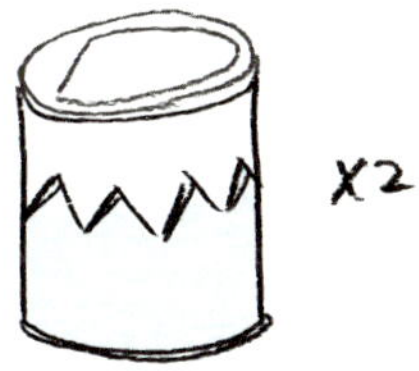

3 분유통 둘레에 ②의 펠트를 글루건으로
붙인다.

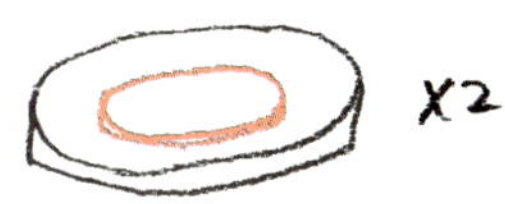

4 분유통 뚜껑에 둥근 모양으로 자른 펠트를
글루건으로 붙인다.

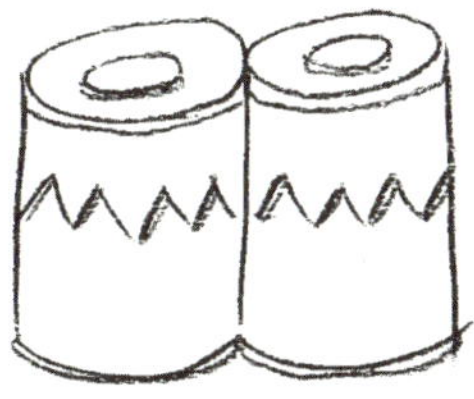

5 글루건을 사용하여 분유통끼리 나란히
붙인다.

5 분유통 양옆에 자투리 펠트로 드럼스틱걸
이를 만들어 달고 분유 스푼을 꽂아 드럼을
완성한다.

52 실로폰

도레미파솔라~ 색색가지 나무 스틱을 이어 만든 실로폰이에요.
실로폰 채는 가지고 있던 나무 채를 사용하거나 긴 막대기 끝에 나무 구슬,
플라스틱 병뚜껑 등을 붙여 만들어요. 음계는 마음대로 늘리면 됩니다.

How to Make

- **소재** 나무
- **실물 크기** 가로 20㎝, 폭 14㎝, 높이 2.5㎝
- **준비물** 두께 1.2㎝ 삼나무 판 9x2.5㎝ 1장 / 10x2.5㎝ 1장 / 11x2.5㎝ 1장 / 12x2.5㎝ 1장 / 13x2.5㎝ 1장 / 14x2.5㎝ 1장 / 20x2.5㎝ 2장, 아크릴물감, 바니시, 샌드페이퍼, 못, 실로폰 채

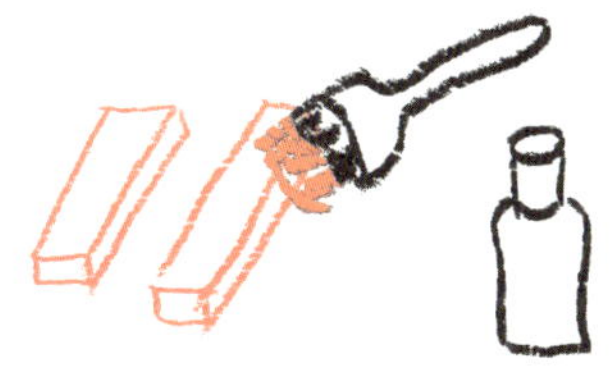

1 9~14㎝까지 길이를 다르게 하여 재단한 삼나무 조각에 각각 다른 색깔 아크릴물감을 칠한다.

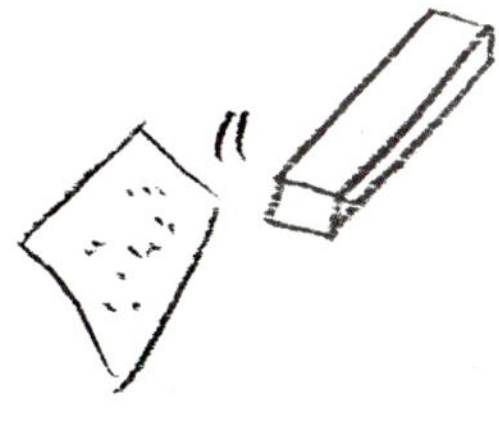

2 물감이 완전히 마르면 샌드페이퍼로 모서리를 문질러 다듬는다.

3 바니시를 칠해 마무리한다.

4 길이 20㎝의 삼나무 조각 2개를 사다리꼴로 벌려 놓고 6개의 삼나무 조각을 키순서대로 올려놓는다. 간격을 똑같이 유지하며 작은 못으로 박아 고정시킨다.

53 마라카스

플라스틱 음료수 병만 있으면 아이에게 장난감 악기를 만들어줄 수 있어요.
통 속에 모래나 쌀, 팥 등을 넣어 각기 다른 소리가 나도록 만든 마라카스예요.
노래 박자에 맞춰 마라카스를 흔들면 저절로 흥이 납니다.

How to Make

- **소재**   플라스틱 음료수 병, 마스킹테이프
- **실물 크기**   플라스틱 음료수 병 크기
- **준비물**   작은 플라스틱 음료수 병 2개, 마스킹테이프, 색깔 모래, 팥, 자투리 원단, 고무줄 2개

1 다 마신 음료수 병 2개를 준비해 라벨을 떼고 깨끗이 씻어 말린다.

2 음료수 병의 뚜껑을 열고 색깔 모래와 팥을 각각 따로 넣은 다음 뚜껑을 닫는다.

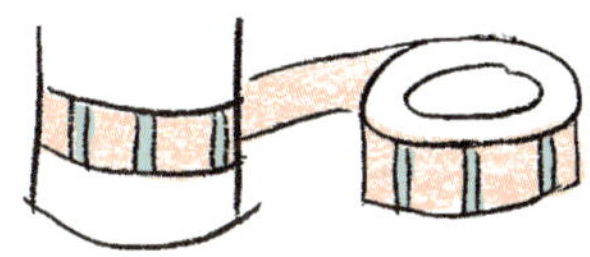

3 예쁜 무늬의 마스킹테이프를 병 겉면에 둘러가며 붙여 장식한다.

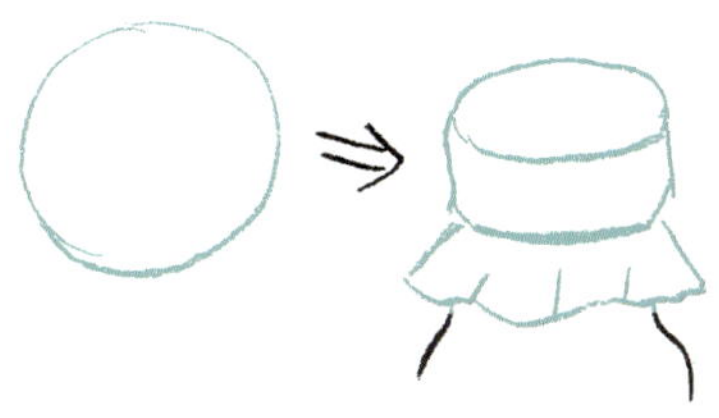

4 자투리 원단을 동그랗게 잘라 병뚜껑 위에 씌우고 고무줄로 묶어 완성한다.

54 핸드벨

젤리나 요거트가 들어 있는 플라스틱 용기를 재
활용해 핸드벨을 만들어요. 나무 막대로 손잡이
를 만들고 안쪽에 작은 방울을 달아주니 흔들 때
마다 예쁜 소리가 나는 핸드벨이 완성됐어요.

How to Make

- **소재**　　　플라스틱 젤리 또는 요거트 용기, 나무 봉
- **실물 크기**　플라스틱 젤리 또는 요거트 용기 크기, 손잡이 길이 18㎝
- **준비물**　　플라스틱 젤리 또는 요거트 용기 2개, 지름 1.5㎝ 나무 봉 18㎝ 2개, 방울 2개,
　　　　　　　마스킹테이프, 글루건, 나사

1 플라스틱 젤리나 요거트 용기 2개를 준비해
깨끗이 씻어 말린 다음 용기 가운데를 송곳
등으로 찔러 구멍을 낸다.

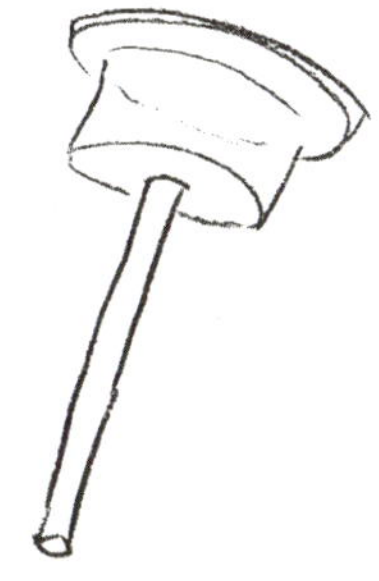

2 구멍에 나무 봉을 끼워 넣고 용기 안쪽에서
봉에 나사를 박아 고정시킨다.

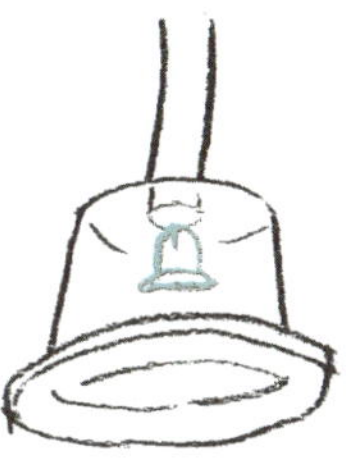

3 용기 안쪽 나사 부분에 글루건을 이용하여
작은 방울을 붙인다.

4 예쁜 무늬의 마스킹테이프를 손잡이에 감아
꾸민다.

55 저금통

플라스틱 초콜릿 용기로 만든 저금통이에요.
아이가 어릴 때부터 돈의 소중함을 알고 경제관념을 익힐 수 있도록 도와주세요.
착한 일을 하면 동전을 하나씩 주고 스스로 모아보게 하는 것도 좋아요.

How to Make

- **소재**   플라스틱 초콜릿 용기, 펠트
- **실물 크기**   플라스틱 초콜릿 용기 3개 크기
- **준비물**   플라스틱 초콜릿 용기 3개, 두께 0.12㎝
  펠트 주황색/진하늘색/청록색 각 21x6㎝
  1장씩, 스텐실 도구, 아크릴물감, 글루건

1 초콜릿 용기는 안을 깨끗이 비우고 물로 헹궈
말린 다음 뚜껑 부분을 칼로 뚫어 동전을 넣을
수 있도록 만든다. 동전의 종류에 따라 각각
2.2㎝, 2.4㎝, 2.7㎝ 정도로 홈을 낸다.

2 3가지색 펠트 위에 각각 50, 100, 500이라는
숫자를 스텐실로 써 넣는다.

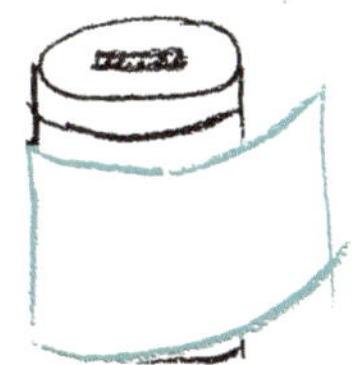

3 초콜릿 용기 3개에 각각 펠트 1장씩을 둘러
붙인다. 글루건을 이용하면 쉽게 붙일 수
있다.

4 펠트로 감싼 통 3개를 나란히 놓아 3가지
동전을 모을 수 있는 저금통을 완성한다.

56 이젤 칠판
썼다 지웠다 할 수 있는 칠판 시트지가
있어요. 칠판 페인트보다 훨씬 간편하게
칠판을 만들 수 있지요.
아이가 마음껏 쓰고 그리며 놀 수 있도록
이젤 모양으로 만들어주세요.

How to Make

- **소재**   나무, 칠판 시트지
- **실물 크기**   가로 40㎝, 높이 70㎝, 폭 23㎝
- **준비물**   두께 1.8㎝ 삼나무 판 70x5㎝ 4장 / 30x5㎝ 4장, 두께 0.48㎝ 합판 60x40㎝ 2장,
  칠판 시트지 60x40㎝2장, 경첩 2개, 지지대 고정 바 1개, 나무 조각 장식3~4개, 바니시,
  목공용 본드, 못, 나사

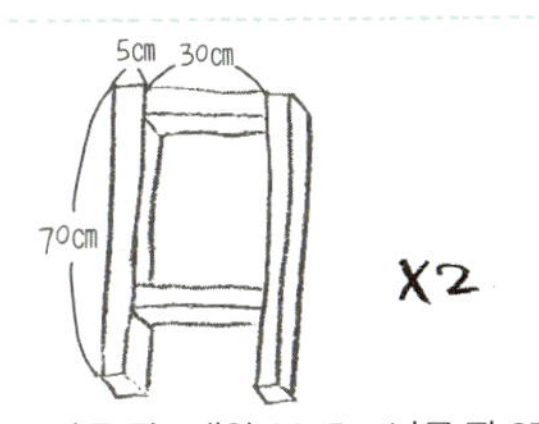

1 70x5㎝ 나무 판 2개와 30x5㎝ 나무 판 2개를 목공용 본드로 붙인 다음 못으로 연결해 그림과 같은 모양 틀을 만든다. 같은 방법으로 틀 하나를 더 만든다.

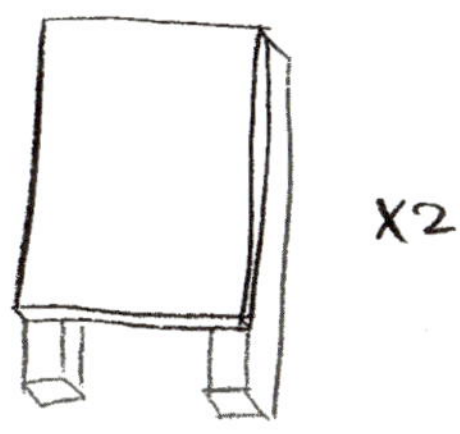

2 2개의 나무 틀 위에 합판을 각각 1장씩 얹어 목공용 본드로 붙여 고정시킨다.

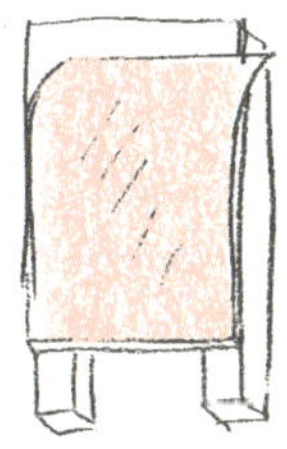

3 2장의 합판에 합판과 같은 크기로 재단한 칠판 시트지를 각각 붙인다.

4 시트지를 붙이지 않은 나무 부분에는 바니시를 칠해 마무리한다.

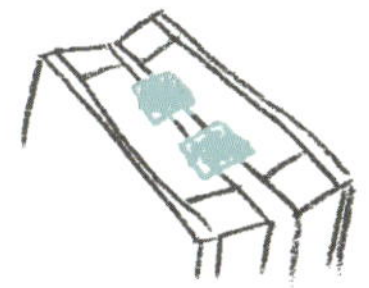

5 시트지가 겉으로 나오도록 하여 틀 두 개를 겹쳐 모으고 윗부분에 나사로 경첩을 달아 연결한다.

6 틀 한쪽 옆에 칠판 틀이 너무 벌어지지 않도록 하는 지지대 고정 바를 나사로 달아 마무리한다.

칠판 위에 동물 모양 등의 나무 조각 장식을 붙여 예쁘게 꾸며보세요.

57 야구놀이

아이들이 안전하게 야구놀이를 할 수 있도록 펠트로
야구 방망이와 공을 만들어주세요.
폭신한 솜이 들어 있어 위험하지 않아요.
빨간색 실로 스티치를 해 실물과 비슷하게 만들어요.

How to Make

- **소재**　　펠트
- **실물 크기**　윗면 지름 7㎝, 배트 길이 54㎝
- **준비물**　두께 0.12㎝ 회색 펠트 24x54㎝ 1장 / 지름 7㎝ 회색 펠트 1장 / 지름 5㎝ 회색 펠트 2장 / 18x12㎝ 연노란색 펠트 1장, 구름솜, 빨간색 실, 글루건

야구 방망이

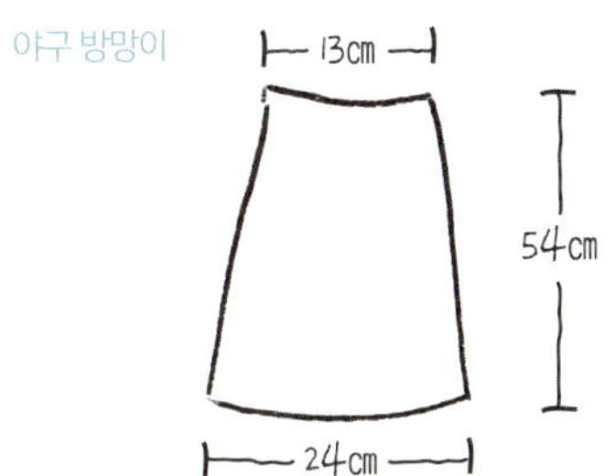

1 24x54㎝의 펠트로 그림과 같이 재단한다.

2 재단한 회색 펠트를 둥글게 말아 만나는 부분을 빨간색 실로 비스듬하게 꿰매 연결한다.

3 지름 7㎝ 회색 펠트를 빨간색 실로 방망이 윗부분에 꿰매 연결한다.

4 지름 5㎝ 회색 펠트 2장을 겹쳐놓고 버튼홀 스티치로 연결하다가 중간에 솜을 넣고 다시 스티치로 마무리한다.

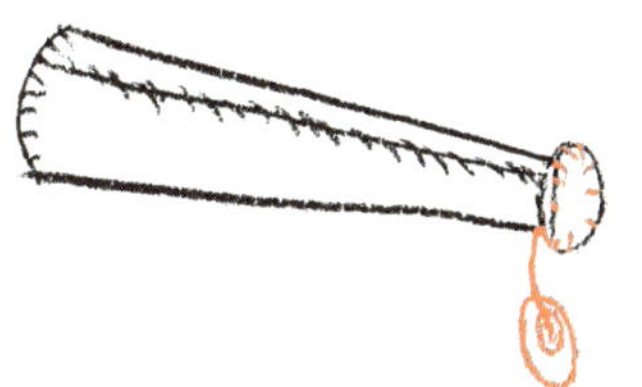

5 방망이에 솜을 고루 채워 넣고 방망이 아래쪽에 ④의 동그란 펠트를 꿰매 연결한다.

6 방망이 손잡이 부분에 글루건을 이용하여 연노란색 펠트를 둘러 붙여 완성한다.

135

How to Make

- **소재**   펠트
- **실물 크기**   공 지름 8㎝
- **준비물**   두께 0.12㎝ 흰색 펠트 6.5x20.5㎝ 2장,
  구름솜, 흰색 실, 빨간색 실

야구공

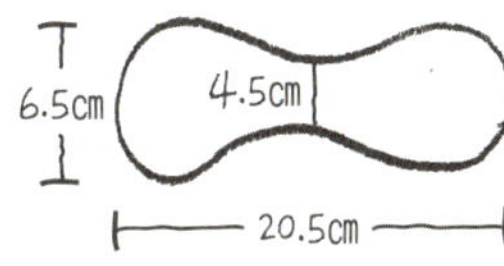

1 6.5x20.5㎝의 펠트에 그림과 같이 밑그림을
그려 2장을 재단한다.

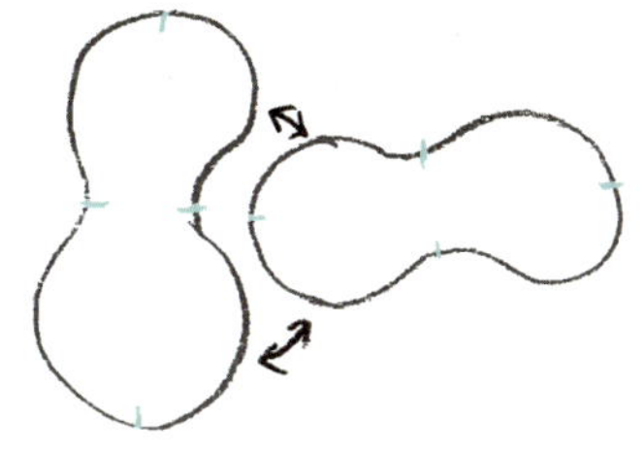

2 2장을 서로 직각이 되는 방향으로 연결해 흰색
실로 꿰매 하나의 공 모양을 만든다.

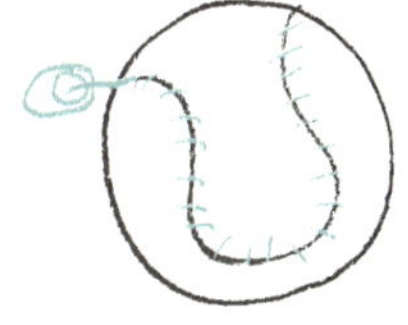

3 바느질 중간에 솜을 넣어 고루 채우고 마저
바느질한다.

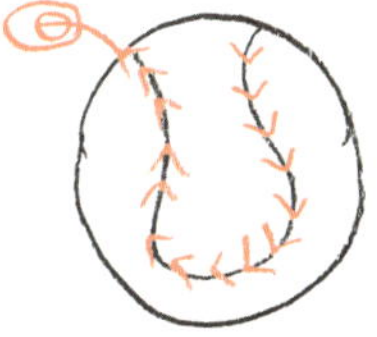

4 빨간색 실로 스티치해 야구공의 실밥을
만들어 넣어 공을 완성한다.

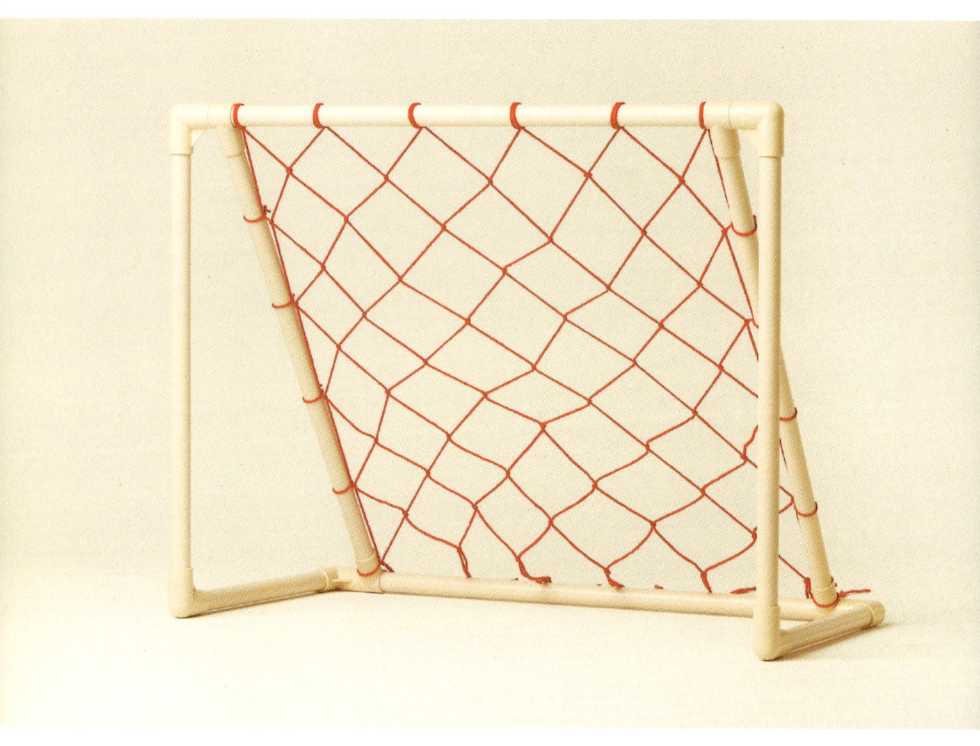

58 축구골대

방 안에서도 축구놀이를 할 수 있도록 만든 장난감이에요.
DIY용 PVC 소재 파이프를 이용하면 간단하게 만들 수 있어요.
네트는 기성품을 사용하거나 털실로 엮어 만들면 됩니다.

How to Make

- **소재**　　DIY용 PVC 파이프, 네트
- **실물 크기**　가로 87㎝, 높이 67㎝, 폭 47㎝
- **준비물**　DIY용 PVC 파이프 40㎝ 2개 / 60㎝ 2개 / 72㎝ 2개 / 80㎝ 2개, ㄱ 모양 연결 파이프 6개, T 모양 연결 파이프 4개, 기성품 네트 또는 빨간색 털실, 나사

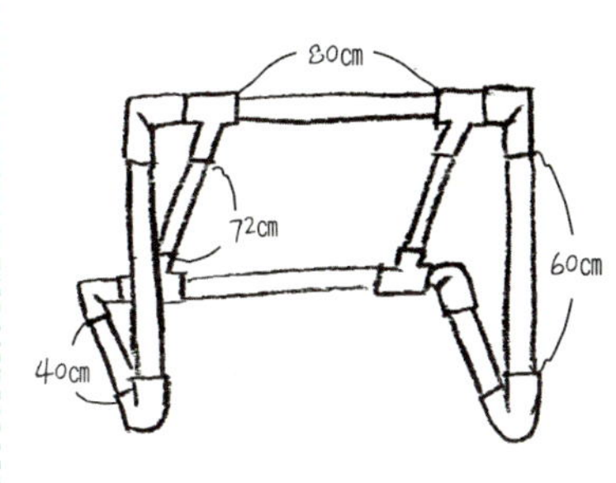

1 길이가 다른 각각의 파이프를 그림과 같이 연결한다. 이때 모서리와 네트가 걸릴 부분의 연결 부위에는 각각 ㄱ자와 T자 모양 연결 파이프를 이용한다.

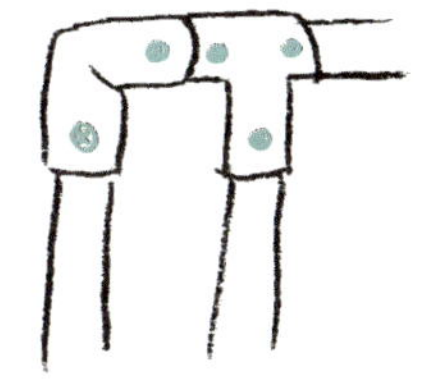

2 연결 부위의 파이프가 빠지지 않도록 나사를 박아 고정시킨다.

털실을 엮어 네트를 만들 때는 아래 <네트 만들기> 그림을 참고하세요!

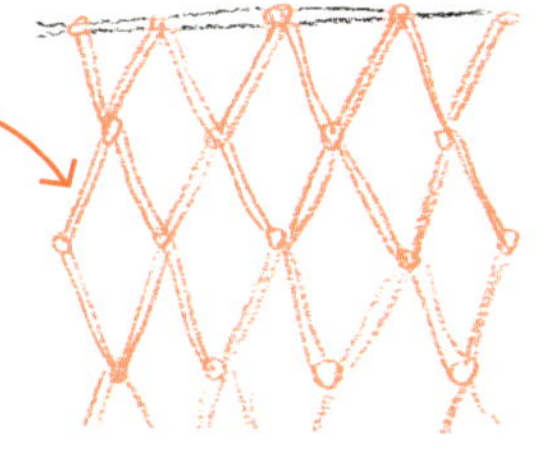

3 기성품 네트를 골대 크기에 맞게 살라 쓰거니 털실을 엮어 네트를 만든다.

<네트 만들기>

① 

② 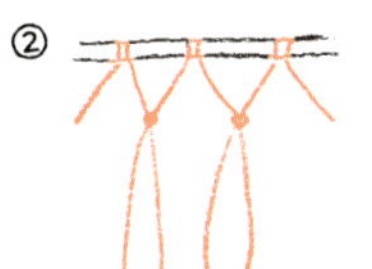

③ 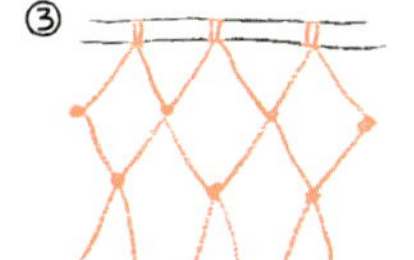

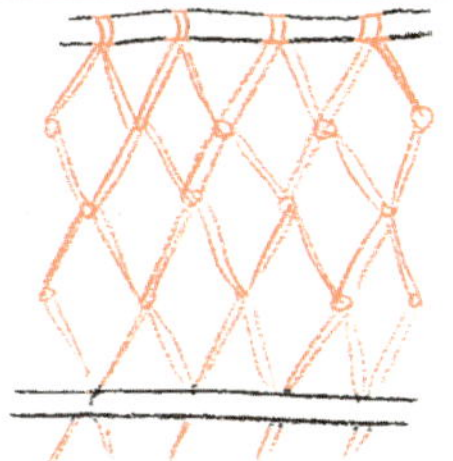

4 네트를 축구 골대 파이프에 묶어 연결한다. 기존 네트를 이용할 경우 네트의 모서리를 끈으로 파이프에 묶는다.

59 장난감수레

장난감을 담아 끌고 다닐 수 있도록 만든 수레예요.
장난감을 정리하는 습관도 들일 수 있고 재미있게 끌고 다닐 수도 있어요.
동물 모양을 붙여주면 아이가 더 좋아해요.

How to Make

- **소재**　　　나무
- **실물 크기**　너비 27㎝, 길이 48㎝, 높이 22.5㎝
- **준비물**　　두께 1.2㎝ 삼나무 판 40x20㎝ 2장 / 20x20㎝ 2장, 두께 0.48㎝ 합판 40x22.4㎝ 1장,
　　　　　　　두께 0.12㎝ 주황색 펠트 1장 / 하늘색 펠트 1장, 끈 120㎝ 1줄, 나사 고리 1개, 바퀴 4개,
　　　　　　　목공용 본드, 못

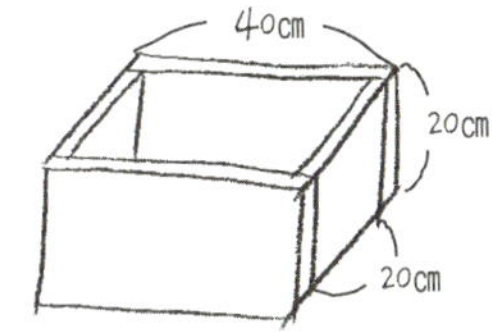

1 40x20㎝ 나무 판 2장과 20x20㎝ 나무 판 2장을 연결해 사각 틀을 만든다. 나무 판 사이는 목공용 본드로 붙인 다음 못을 박아 고정시키면 단단하다.

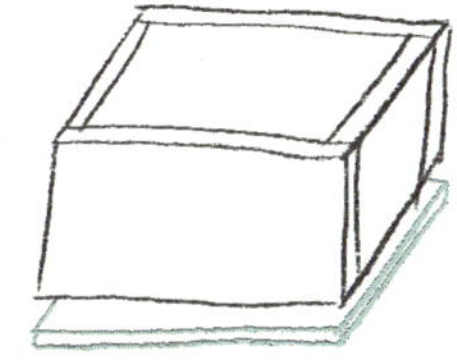

2 사각 틀 아래에 목공용 본드와 태커를 이용해 합판을 붙여 물건을 담을 수 있는 상자를 만든다.

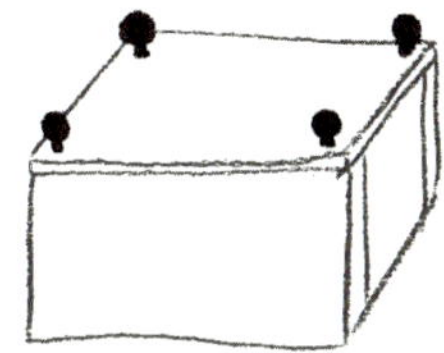

3 상자 아래 네 군데에 바퀴를 단다. 나사를 이용해 단단히 고정시킨다.

4 주황색과 하늘색 펠트를 그림과 같이 코끼리 모양으로 재단한 다음 상자 양 옆에 글루건으로 붙인다.

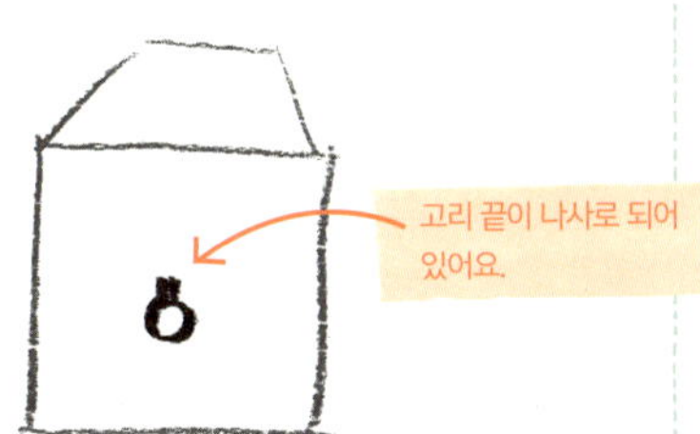

5 상자 앞쪽에 고리를 박는다.

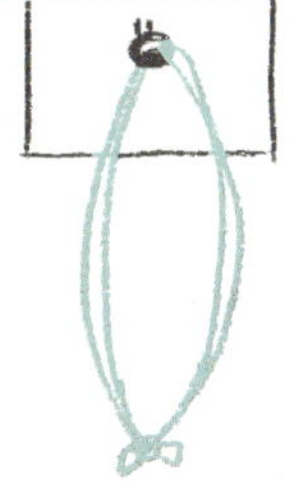

6 고리에 끈을 끼우고 끈 양끝을 모아 매듭 지어 완성한다.

PART

4

밤 꾸미기

60 무지개 어닝

창문이나 방문에 또는 벽에 걸어 아이 방을 경쾌하게 꾸며보세요.
가지고 있던 자투리 펠트를 예쁘게 오려 기와를 얹듯이 층층이 붙
이면 근사한 어닝이 완성됩니다.

How to Make

- **소재**　　펠트, 우드락
- **실물 크기**　가로 90㎝, 폭 30㎝, 높이 20㎝
- **준비물**　　두께 0.12㎝ 색색가지 펠트 10x10㎝ 47장, 두께 0.5㎝ 우드락 90x25㎝ 1장 /
　　　　　　90x10㎝ 1장 / 25x10㎝ 2장, 글루건, 양면테이프

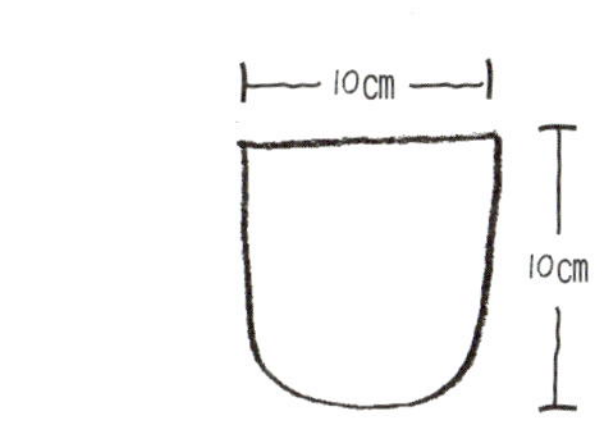

1 도안대로 어닝에 붙일 펠트 조각을 오린다.
여러 가지 색 펠트를 이용해 47장을 만든다.

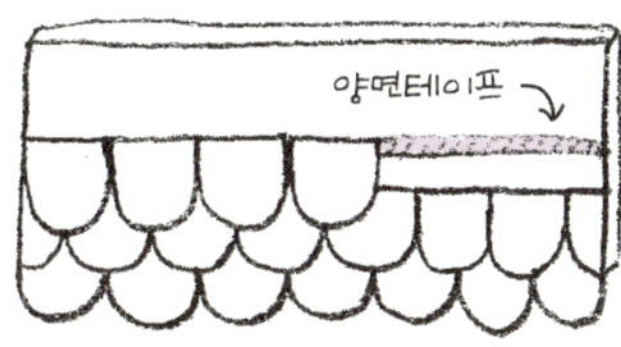

2 90x25㎝ 우드락에 ①의 펠트 조각들을 양면
테이프로 줄줄이 붙인다. 맨 아랫줄부터 붙여
올라가기 시작한다.

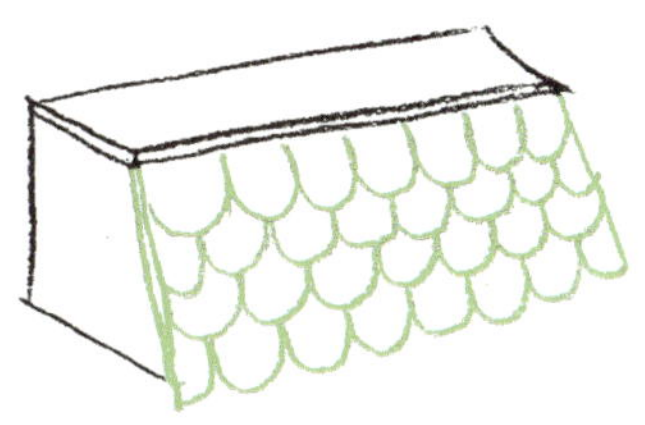

3 나머지 우드락 판을 조립하여 어닝을 완성한
다. 우드락과 우드락 사이는 글루건을 이용해
붙인다.

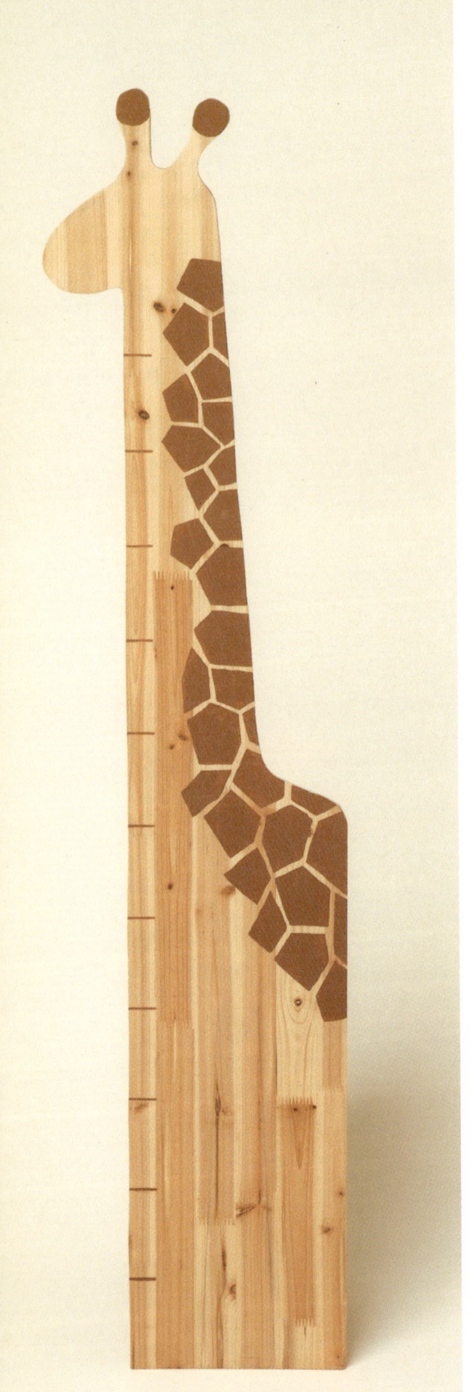

61 키 재는 **기린**

어릴 적, 벽이나 방문에 눈금을 표시해가며
키를 재던 기억이 있어요. 동물 중에서 키가
제일 큰 기린을 모티브로 키 재는 도구를 만
들어보세요. 방 한쪽에 세워두면 훌륭한 인
테리어 소품이 됩니다.

How to Make

- **소재** 나무
- **실물 크기** 가로 32㎝, 세로 136㎝
- **준비물** 두께 1.2㎝ 삼나무 판 150x32㎝ 1장, 아크릴물감, 바니시, 샌드페이퍼

나무를 자르기가 힘들다면 나무 판을 그대로
사용하고 그 위에 기린 그림만 그려도 좋아요!

1 나무 판에 기린 모양으로 밑그림을 그려
재단한다.

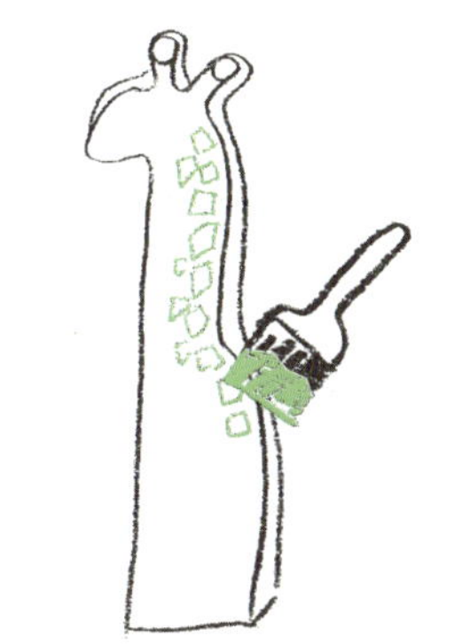

2 기린 모양으로 재단한 나무 판에 연필루
기린의 점무늬를 그려 넣고 아크릴물감으로
색칠한다.

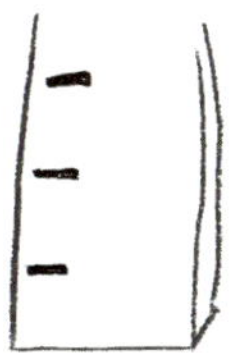

3 밑면에서부터 10㎝씩 길이를 재 아크릴물감
으로 눈금 표시를 한다.

4 물감이 완전히 마르면 샌드페이퍼로 모서리를
문질러 다듬고 바니시를 칠해 마무리한다.

62 장식용 **선반**

아이 방 벽에 걸어 장식용 장난감이나
인형 등을 올려두면 좋은 선반이에요.
별 무늬를 스텐실 기법으로 찍었더니
아이 방에 어울리는 사랑스러운 소품이
되었어요.

How to Make

- **소재**　　　나무
- **실물 크기**　가로 40㎝, 폭 10㎝, 높이 10㎝
- **준비물**　　두께 1.2㎝ 삼나무 판 40x10㎝ 1장 / 30x5㎝ 1장 / 10x7.6㎝ 2장, 고리 2개,
　　　　　　스텐실 도구, 아크릴물감, 바니시, 목공용 본드, 못

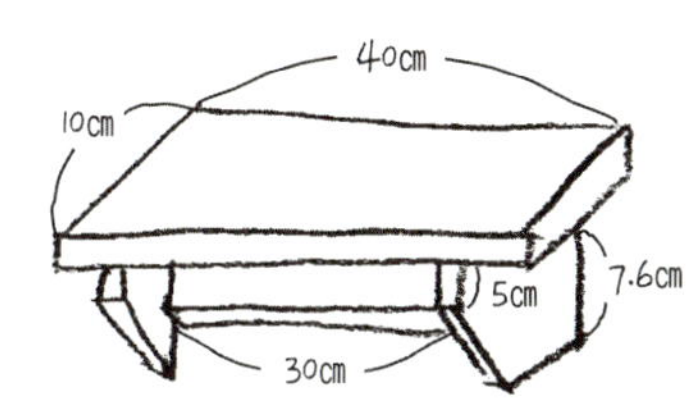

1 10x7.6㎝ 크기의 삼나무 판을 그림과 같은 모양으로 재단해 선반 받침대 2개를 만든다. 크기가 다른 삼나무 판 4장을 모아 못을 박아 조립해 선반 모양을 만든다.

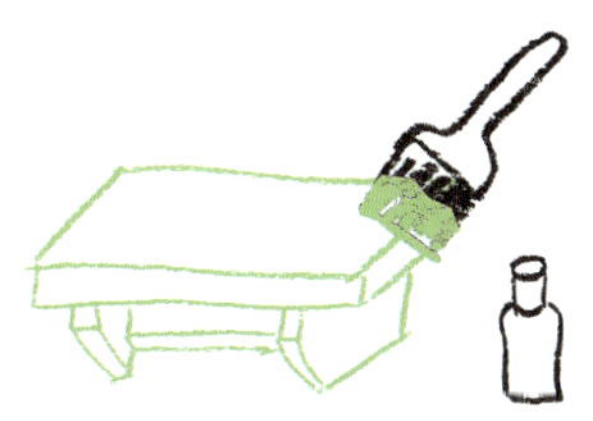

2 선반에 바탕색을 칠한다.

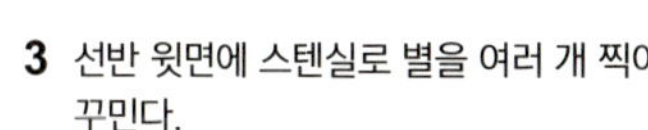

3 선반 윗면에 스텐실로 별을 여러 개 찍어 꾸민다.

4 물감이 완전히 마르면 샌드페이퍼로 모서리를 문질러 다듬고 바니시를 칠해 마무리한다.

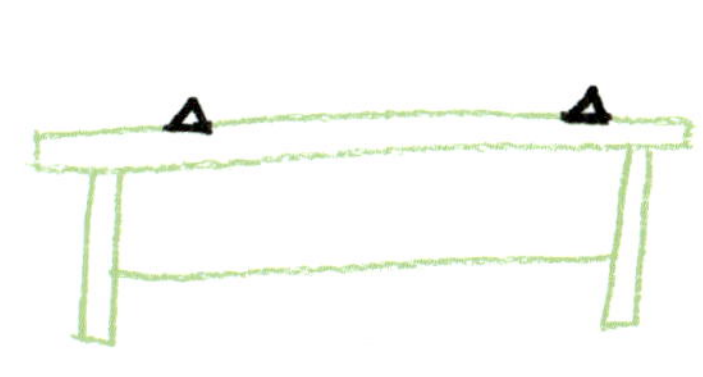

5 선반 뒷면 양쪽에 고리를 달아 완성한다.

63 책꽂이 | 선반

책 표지가 보이도록 전시할 수 있는 선반이에요. 몇 개 만들어 걸어 허전한 벽면
을 채워보세요. 아이 방 전체적인 컬러에 어울리는 색으로 칠해요.

How to Make

- **소재** 나무
- **실물 크기** 가로 30㎝, 폭 5.5㎝, 높이 5㎝
- **준비물** 두께 1.2㎝ 삼나무 판 30x5㎝ 1장 / 30x3㎝ 2장, 나사 고리 2개, 아크릴물감, 바니시,
목공용 본드, 못, 샌드페이퍼

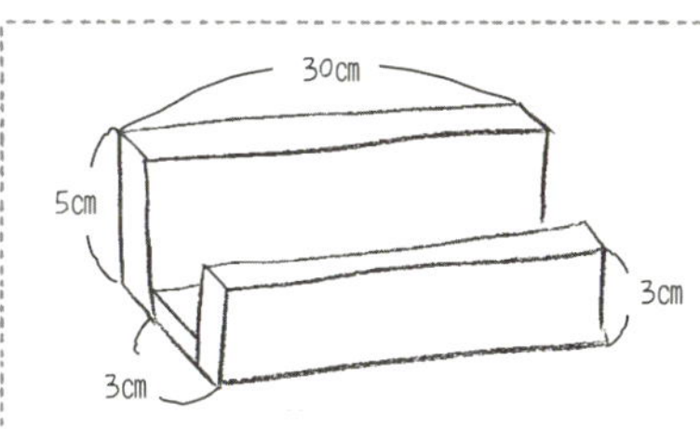

1 두 가지 크기로 자른 삼나무 판 3장을 ㄷ자
모양으로 모아 목공용 본드로 붙인 다음 못을
박아 고정시킨다.

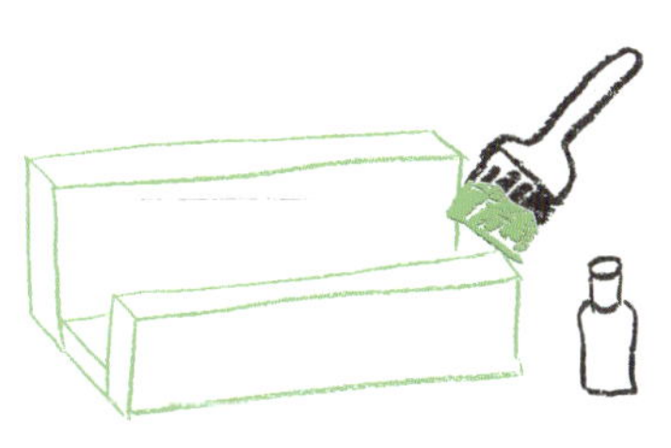

2 아크릴물감으로 전체를 칠한다.

3 물감이 완전히 마르면 샌드페이퍼로 모서리
를 문질러 다듬고 바니시를 칠해 마무리한다.

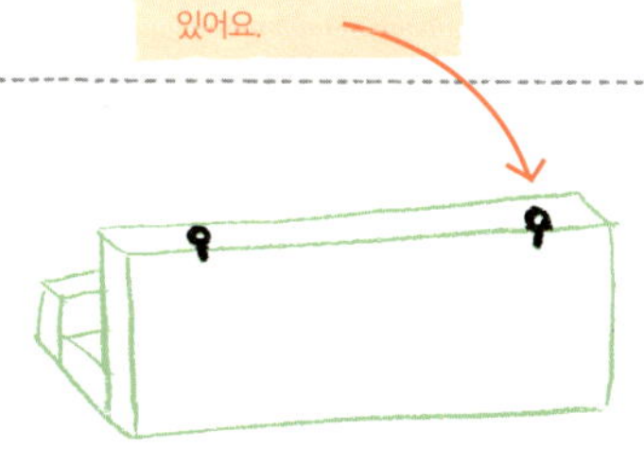

4 선반 뒷면 양쪽에 고리를 달아 완성한다.
같은 방법으로 원하는 개수만큼 만들어 벽
에 설치한다.

64 물고기 옷걸이

벽을 바다로 생각하고 물고기가 헤엄쳐 다니는 방을 상상하며 만들었어요.
벽에 붙여두고 옷을 걸 수 있는 훅을 달아 만든 옷걸이는 아이들이 자기만의 공간을
좋아하게 만드는 아이템이지요.

How to Make

- **소재** 나무
- **실물 크기** 가로 16㎝, 높이 7㎝
- **준비물** 두께 1.2㎝ 삼나무 판 20x10㎝, 지름 1.5㎝ 나무 봉 3㎝ 2개, 고리 2개, 못 2개,
  아크릴물감, 바니시, 목공용 본드, 못, 샌드페이퍼

주의!
양면에 모두 구멍이 생기지 않도록 나무 판
두께의 2/3 정도까지만 뚫도록 하세요.

1 삼나무 판에 물고기 모양으로 밑그림을 2개
그려 재단한다. 각각의 물고기 모양 나무 판
에 지름 0.4㎝ 정도의 구멍을 뚫는다.

2 물고기 판에 아크릴물감을 칠한다.

3 물감이 완전히 마르면 샌드페이퍼로 모서리
를 문질러 다듬은 다음 바니시를 칠해 마무리
한다.

4 2개의 나무 봉 끝에 목공용 본드를 바르고
각각 ①에서 뚫어놓은 구멍에 끼운 다음 뒤
에서 못을 박아 고정시킨다.

5 옷걸이 뒷면 양쪽에 고리를 달아 완성한다.

65 스위치 커버

아이 손에 닿는 스위치 위에 커버를 씌
우면 아이가 스위치를 가지고 장난하는
것도 막을 수 있고 인테리어 효과도 볼
수 있어요. 스위치 위에 작은 못 하나만
박아 걸면 끝이에요.

How to Make

- **소재**　　　나무
- **실물 크기**　가로 12㎝, 세로 16.5㎝, 폭 3㎝
- **준비물**　　두께 1.2㎝ 삼나무 판 14x3㎝ 2장 /
　　　　　　　12x3㎝ 2장 / 13.5x9㎝ 1장, 지름 1.5㎝
　　　　　　　나무 조각 1.5㎝ 1개, 경첩 2개,
　　　　　　　아크릴물감, 바니시, 목공용 본드,
　　　　　　　못, 나사

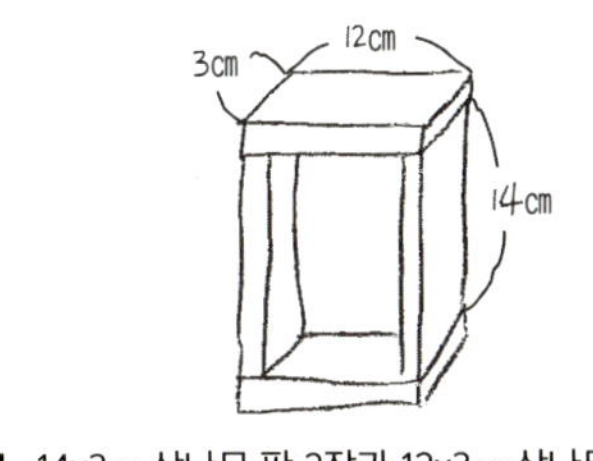

1 14x3㎝ 삼나무 판 2장과 12x3㎝ 삼나무 판 2장
을 연결해 사각 틀을 만든다. 판과 판 사이는
목공용 본드로 붙이거나 못을 박아 고정시킨다.

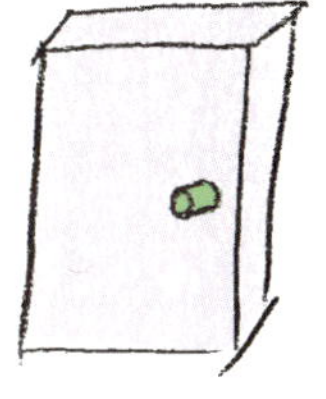

2 문을 만들 13.5x9㎝ 삼나무 판 위에 길이 1.5㎝
의 나무 조각을 목공용 본드를 이용해 붙여서
손잡이를 만든다.

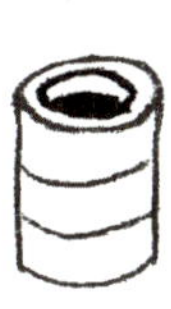

3 사각 틀과 손잡이, 문에 물감을 칠한다.
물감이 완전히 마르면 샌드페이퍼로 모서리를
문질러 다듬고 바니시를 칠해 마무리한다.

4 문 한쪽 면에 경첩 2개를 나사로 달고 틀에
연결해 스위치 커버를 완성한다.

66 나무 모양 월 포켓

커다란 삼각형 모양의 카키색 원단을 벽에
붙여보니 아이 방에 나무 한 그루를 심은 것
같아요. 포켓을 만들어 수납 공간을 만들고
아래에 라탄바구니를 놓아두면 근사한 나무
모양 월 포켓이 완성됩니다.

How to Make

- **소재**　　　면 원단
- **실물 크기**　가로 63㎝, 세로 84㎝
- **준비물**　　도트 무늬 카키색 원단 70x90㎝ 2장, 갈색 자투리 원단 20x15㎝ 3장,
　　　　　　지름 0.5㎝ 면끈 10㎝ 1줄 / 20㎝ 2줄, 바구니 1개

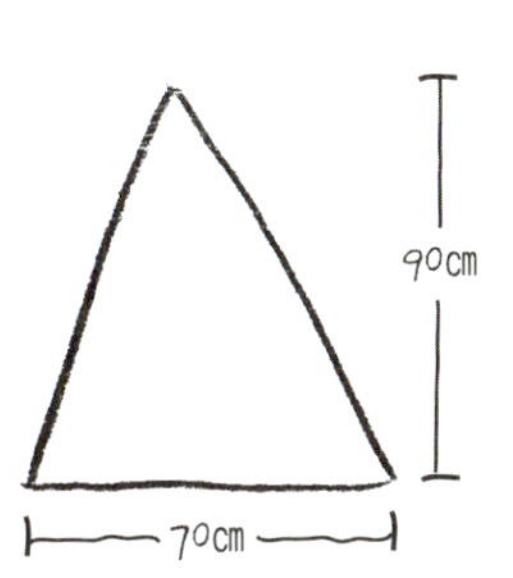

1 그림과 같은 크기의 삼각형으로 원단 2장을
재단한다.

2 앞면이 될 원단 1장의 겉면에 20x15㎝로 자른
원단 3장을 곳곳에 달아준다. 주머니 윗면이
될 곳은 미리 말아박기하고 나머지 세 면은
안으로 접어 본체에 대고 박음질한다.

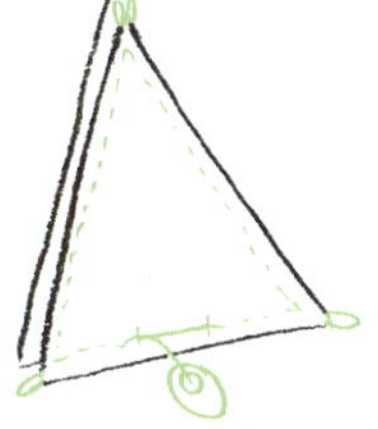

3 ②의 삼각형 원단과 나머지 하나의 원단을
겉끼리 마주보도록 겹쳐 놓고 둘레를 박음질
한다. 맨 위의 뾰족한 모서리에는 10㎝ 면끈
을 반으로 접어 끼워 넣고 밑면 양쪽 모서리
에는 20㎝ 면끈을 각각 1개씩 끼워 넣고 바느
질한다. 중간에 창구멍은 남겨둔다.

4 창구멍으로 뒤집은 다음 둘레를 눌러박기해
월 포켓을 완성한다.

67 폼폼 모빌

파티 용품으로 인기 있는 폼폼 모빌이에요.
크기와 색깔을 달리 해 여러 개 매달아두면 집 안이 화사해져요.
종이 하나만 있어도 손쉽게 아이 공간을 꾸며줄 수 있어요.

How to Make

- **소재**　　종이(습자지)
- **실물 크기**　지름 22㎝
- **준비물**　　습자지 전지 1장, 꽃 철사, 낚싯줄

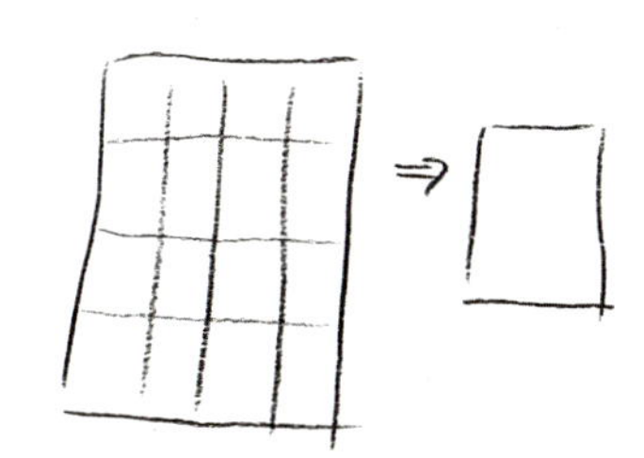

1　습자지 전지를 가로 세로 방향으로 반복해서
접어 16절 크기로 만든다.

2　접힌 모서리 부분을 칼로 잘라 총 32장이
되도록 한다.

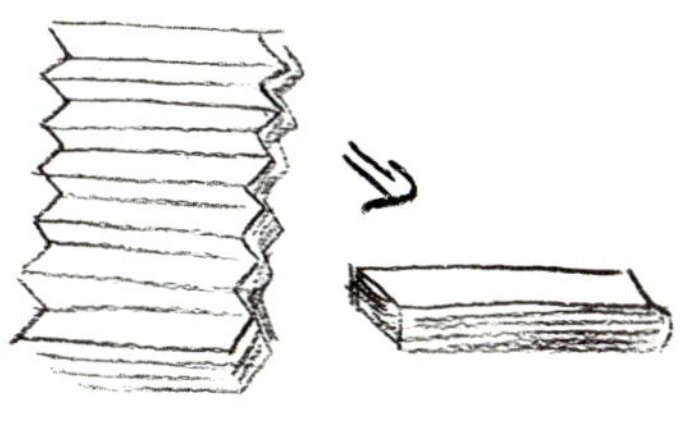

3　길이를 앞뒤 방향으로 반복해서 접어
아코디언 모양으로 만든다.

4　날카로운 사방 모서리를 둥글게 자른다.

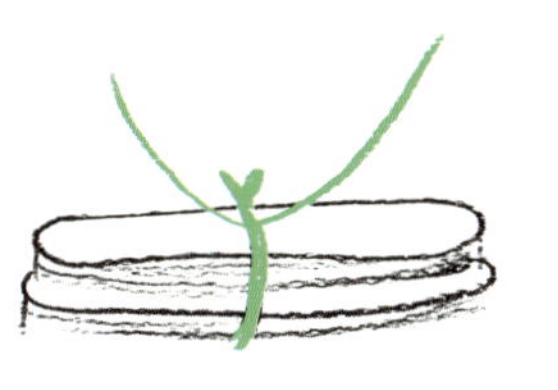

5　가운데를 철사로 묶은 다음 낚싯줄을 끼워
넣는다.

6　습자지를 1장씩 펴서 커다란 공 모양으로
만든다. 연결해둔 낚싯줄을 이용해 벽이나
천장에 걸어 장식한다.

68 부엉이 방 문 장식

북유럽 스타일이 몇 해에 걸쳐 변함없이 사랑받고 있어요.
심플하고 세련된, 그러면서도 어딘가 정감 어린 디자인이 특징이지요.
부엉이 장식은 방 문이나 침대 머리맡에 걸어 포인트 장식으로 활용하세요.

How to Make

- **소재**　면 원단
- **실물 크기**　가로 6㎝, 세로 7㎝
- **준비물**　회색 면 원단 20x20㎝ 1장, 평면 솜 20x10㎝ 1장, 아일렛 1쌍, 방울 2개,
　마끈, 유성펜

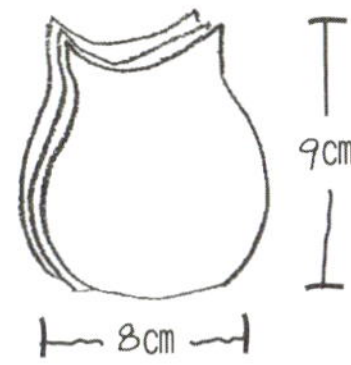

시접 0.5㎝의 여유를
더해 그려요!

1 원단 뒷면에 부엉이 모양 밑그림을 그려 똑
같은 크기로 2장을 재단한다. 평면 솜도 같은
모양과 크기로 자른다. 원단을 겉면끼리 마주
보도록 겹쳐놓고 위에 솜을 올려놓는다.

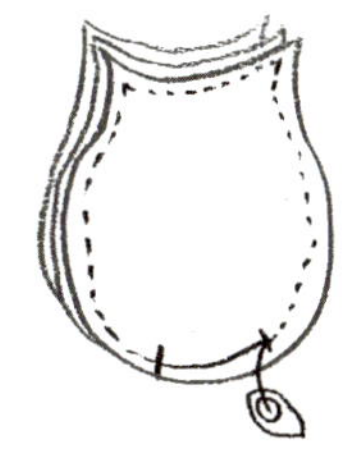

2 창구멍만 남기고 둘레를 박음질한다.

3 창구멍으로 뒤집은 다음 창구멍은 공그르기로
마무리한다.

4 부엉이 앞면에 유성펜으로 눈, 코, 입, 날개
등을 그려 넣는다.

5 위쪽에 송곳 등으로 구멍을 뚫고 아일렛을
박는다. 아일렛 구멍에 마끈을 끼우고 끝을
묶어 고리를 만든다.

6 아래쪽에 방울 2개를 달아 완성한다.

69 방울 장식 러그

일명 폼폼방울이라고 부르는 솜방울을 달아 귀여운 러그를 만들었어요.
회색 원단에 알사탕같은 방울을 달았더니 아이 방에 참 잘 어울려요.
위험하지 않도록 아래쪽에는 미끄럼방지원단도 붙여주세요.

How to Make

- **소재**   면 원단, 폼폼방울
- **실물 크기**   가로 42㎝, 세로 31㎝
- **준비물**   회색 면 원단 40x30㎝ 1장, 미끄럼방지원단 40x30㎝ 1장, 평면 솜 40x30㎝ 1장,
  폼폼방울 여러 가지 색

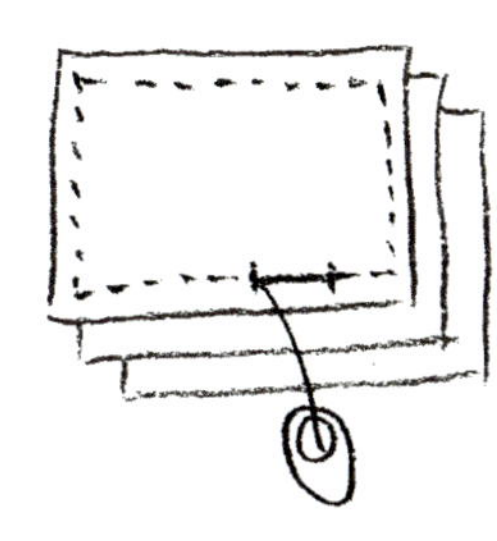

1 미끄럼방지 원단과 회색 원단의 겉끼리 마주
보도록 겹쳐놓고 그 위에 솜을 올린 다음 창
구멍을 제외한 둘레를 박음질한다.

2 창구멍으로 뒤집는다.

방울이 서로 붙을 만큼 촘촘히 달아야 예뻐요!

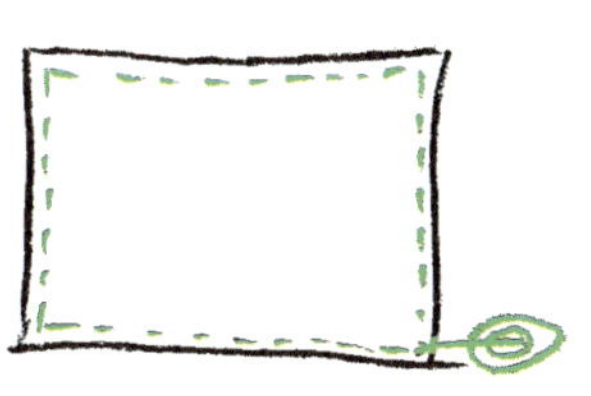

3 러그 둘레를 눌러박기한다.

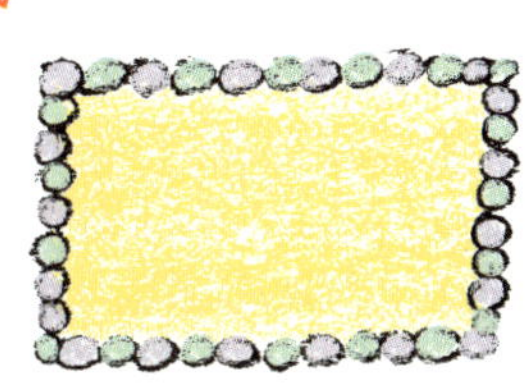

4 러그 둘레에 색색가지 폼폼방울을 실로 꿰매
달아준다.

70 드림캐처

드림캐처는 창문에 걸어두면 거미줄처럼 엮여 있는 실 사이로 악몽이 빠져나가고 좋은 꿈을 꾸게 해준다는 인디언들의 상징물이에요. 좋은 뜻을 담은 데다 깃털이 바람에 살랑대는 모습이 참 예쁩답니다.

How to Make

- **소재** 철사, 펠트, 구슬, 색실
- **실물 크기** 원 지름 12㎝, 총 길이 38㎝
- **준비물** 지름 0.3㎝ 철사 40㎝ 1줄, 자주색 스웨이드 끈, 보라색 실, 자투리 펠트 보라색 /
  연분홍색, 아크릴구슬 4개

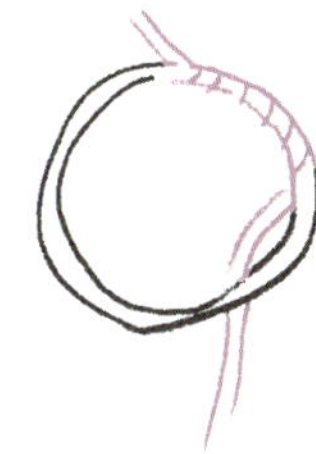

1 철사를 동그랗게 말아 양끝을 꼬아서 고정시
키고 스웨이드 끈으로 둘레를 감는다.

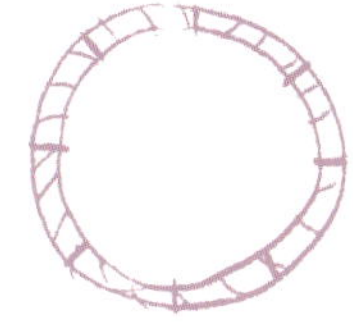

2 ①의 틀 중간 중간 원하는 곳에 색실을
몇 번씩 돌려 감아 표시한다.

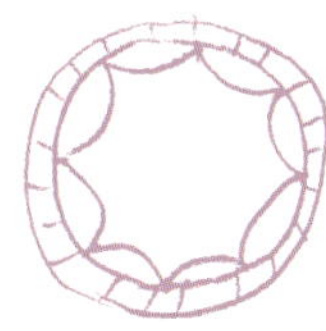

3 맨 위쪽부터 ②에서 표시한 색실에 또 다른
실을 걸어가며 엮는다.

4 한 바퀴 돌이 치음 시작점으로 돌아오면
걸쳐 있는 실의 가운데를 거쳐 가며 다시
실을 엮는다.

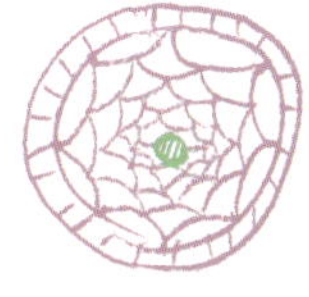

5 ④의 과정을 계속 반복하다가 원의 가운데
가 되는 끝 지점에서는 구슬을 1개 끼우고
실을 매듭지어 고정시킨다.

6 그림과 같이 원형 틀
세 곳에 색실을 길게
늘어뜨리고 나뭇잎
모양으로 자른 펠트
와 구슬을 달아 완성
한다.

71 수틀 액자

벽이 어딘지 허전할 때는 그림이나 사진을 걸곤
하지요. 엄마 손으로 뭔가 만들어 꾸며주고 싶을
때 이 수틀 액자를 추천해요. 무늬 원단만 바꿔주
면 그때마다 다른 스타일의 방 분위기를 만들 수
있어요.

How to Make

- **소재**　　　면 원단, 수틀
- **실물 크기**　지름 15㎝
- **준비물**　　무늬 원단 20x20㎝ 1장, 수틀 1개

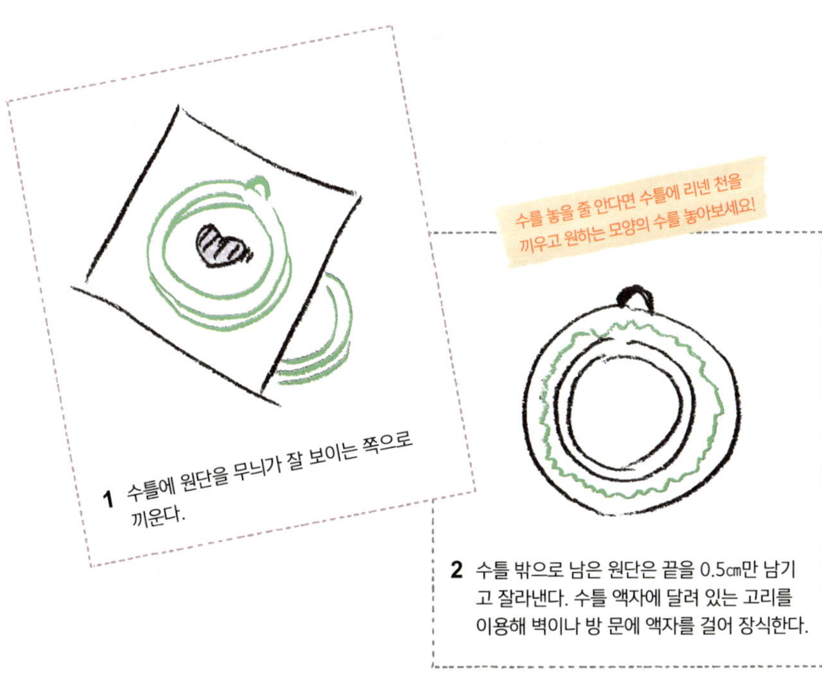

1 수틀에 원단을 무늬가 잘 보이는 쪽으로
끼운다.

2 수틀 밖으로 남은 원단은 끝을 0.5㎝만 남기
고 잘라낸다. 수틀 액자에 달려 있는 고리를
이용해 벽이나 방 문에 액자를 걸어 장식한다.

72 벽시계

바늘이 숫자를 가리키는 시계를 걸어두면 자연스럽게 시계 보는 연습을
할 수 있어요. 숫자도 익힐 수 있고요. 동그란 모양 외에 아이가 좋아하는
동물 얼굴 등으로 만들어도 좋아요.

How to Make

- **소재**　　　나무, 시계 무브와 바늘
- **실물 크기**　지름 20㎝
- **준비물**　　두께 1.2㎝ 합판 지름 20㎝ 원형 1장, 두께 0.48㎝ 합판 지름 20㎝ 1장, 시계 무브, 시계바늘 1세트, 스텐실 도구, 아크릴물감, 바니시, 목공용 본드, 샌드페이퍼

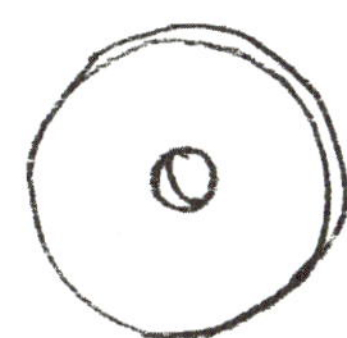

1 두께 1.2㎝의 원형 합판 가운데에 지름 0.8㎝ 크기의 구멍을 뚫는다.

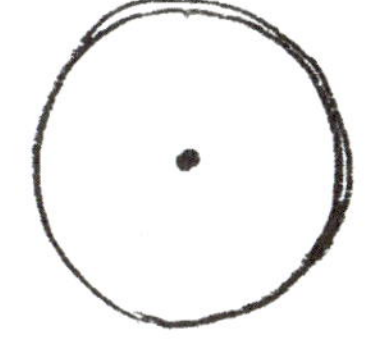

2 두께 0.48㎝의 원형 합판 가운데에 지름 1㎝ 크기의 구멍을 뚫는다.

3 2장의 합판에 목공용 본드를 발라 서로 붙인 다음 작은 구멍이 있는 얇은 합판을 시계 앞면으로 하여 물감을 칠한다.

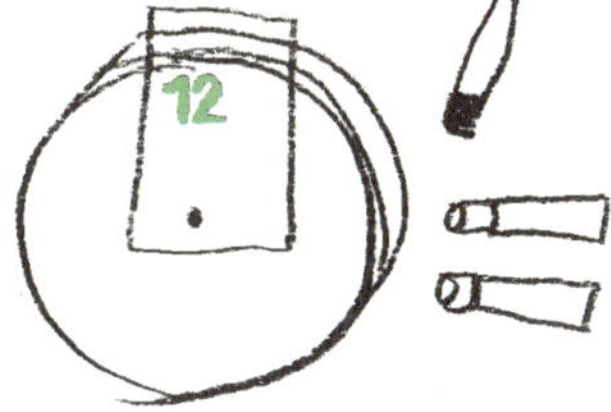

4 물감이 완전히 마르면 스텐실로 1~12의 숫자를 찍는다.

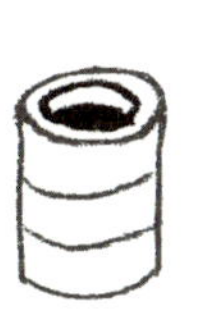

5 샌드페이퍼로 모서리를 문질러 다듬고 바니시를 칠해 마무리한다.

6 시계 뒷면의 큰 구멍에 시계 무브를 고정시키고 앞면 작은 구멍에는 시계바늘 3개를 끼워 완성한다.

73 트리 장식

크리스마스트리에 매달 오너먼트를 만들어볼까요?
올해는 엄마와 아이가 함께 만들어보세요.
아이 그림을 이용하거나 색칠을 함께 하면 이것도 재미있는 놀이가 됩니다.

How to Make

- **소재**　　나무
- **실물 크기**　가로 6㎝, 세로 6㎝ 이내(1개)
- **준비물**　DIY용 자작나무 오너먼트 10개, 고리 10개, 끈 6㎝ 10줄, 아크릴물감, 바니시, 샌드페이퍼

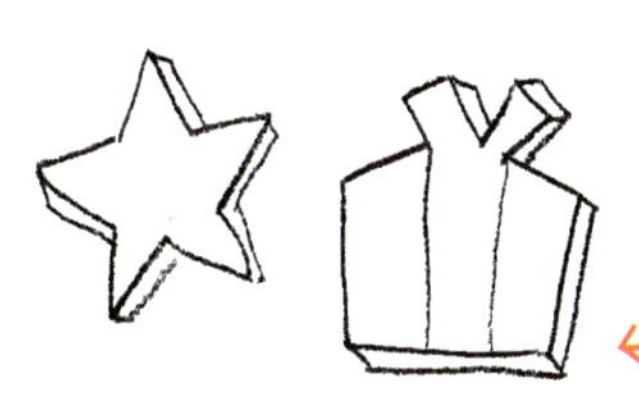

1 자작나무 오너먼트 위에 연필로 밑그림을
그린다.

나무 조각을 모양대로 재단하기 힘들
때는 기성제품을 이용하세요.

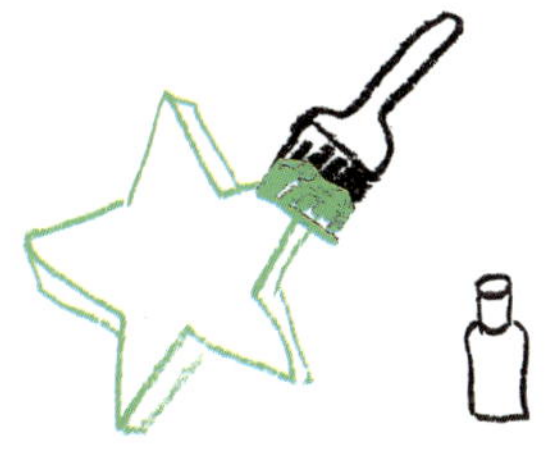

2 각각의 밑그림을 따라 아크릴물감으로 칠한다.

3 물감이 완전히 마르면 샌드페이퍼로 모서리를
문질러 다듬고 바니시를 칠해 마무리한다.

4 오너먼트 위쪽에 고리를 1개씩 박는다.

5 고리에 끈을 1개씩 끼우고 양끝을 매듭지어
오너먼트를 완성한다.

74 장난감 진열대

작은 장난감 자동차나 모형을 전시하는 진열대예요.
벽에 걸어두고 아끼는 장난감들을 칸칸이 올려놓아요.
아이가 직접 정리하고 방을 꾸미는 연습을 할 수 있어요.

How to Make

- **소재**　　나무
- **실물 크기**　가로 60㎝, 세로 40㎝, 폭 8㎝
- **준비물**　두께 1.2㎝ 삼나무 판 40x8㎝ 2장 / 57.6x8㎝ 5장, 아크릴물감,
　　　　　　목공용 본드, 못, 샌드페이퍼

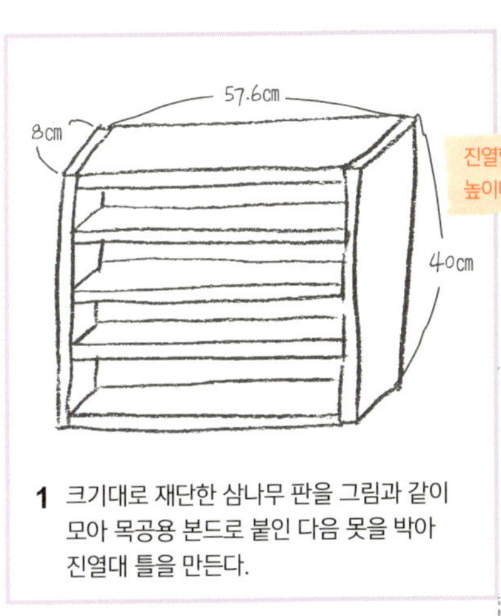

진열할 장난감 크기에 맞춰 칸의
높이나 전체 길이를 조절하세요!

1 크기대로 재단한 삼나무 판을 그림과 같이
모아 목공용 본드로 붙인 다음 못을 박아
진열대 틀을 만든다.

2 진열대 앞면에 아크릴물감을 칠한다.

3 물감이 완전히 마르면 샌드페이퍼로 모서리를
문질러 다듬고 바니시를 칠해 마무리한다.

75 강아지 집

네모난 박스에 물감을 칠해 벽돌로 지은 것처럼 보이는 강아지 집이에요.
진짜 강아지 집으로 사용하거나 강아지 인형의 장난감 집으로
활용해도 좋아요.

How to Make

- **소재**　　　나무
- **실물 크기**　가로 30㎝, 높이 30㎝, 깊이 30㎝
- **준비물**　　두께 1.8㎝ 삼나무 판 30x30㎝ 2장 / 30x26.4㎝ 2장, 두께 0.48㎝ 합판 30x30㎝ 1장,
　　　　　　　마스킹테이프, 아크릴물감, 바니시, 목공용 본드, 못, 태커, 샌드페이퍼

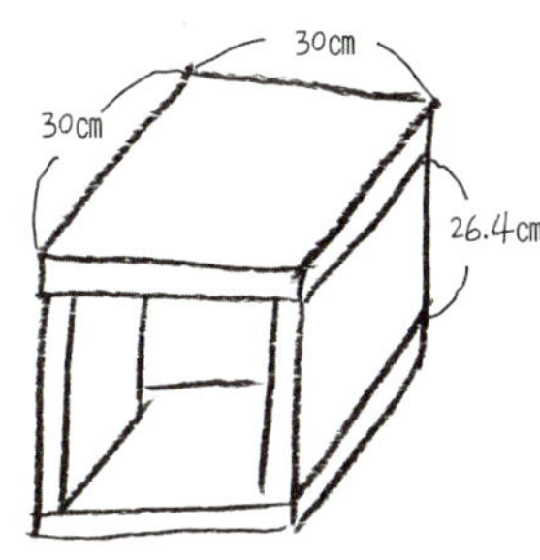

1 30x30㎝의 삼나무 판 2장과 30x26.4㎝의 삼나무 판 2장을 연결해 박스 모양 사각 틀을 만든다. 삼나무 판 사이는 목공용 본드로 붙인 다음 못으로 박아 고정시킨다.

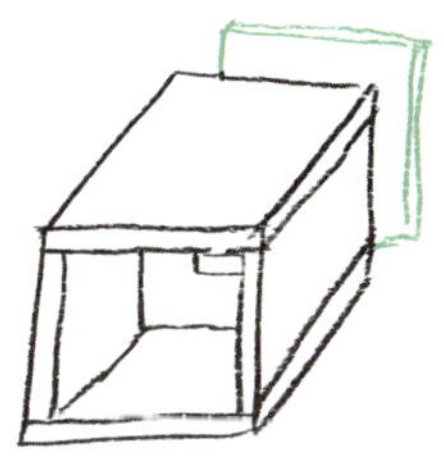

2 박스 뒷면에 30x30㎝ 크기의 합판을 목공용 본드로 붙인 다음 태커로 박아 고정시킨다.

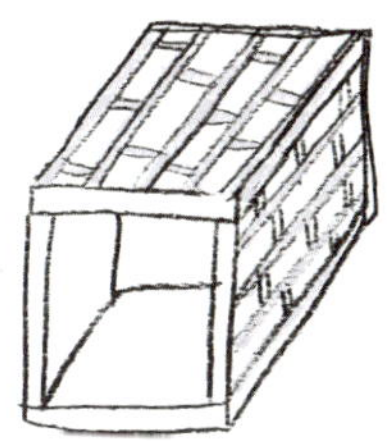

3 박스의 윗면과 양 옆면에 마스킹테이프를 붙여 벽돌 무늬를 만든다.

4 마스킹테이프 사이사이 빈 곳을 물감으로 칠하고 물감이 완전히 마르면 마스킹테이프를 떼어낸다.

5 샌드페이퍼로 모서리를 문질러 다듬고 바니시를 칠해 마무리한다.

MIN
SUNG'S

캠핑놀이

PART 5

76 인디언텐트

캠핑 갈 때 가져가면 좋은 아이 전용 텐트예요. 인디언텐트 모양으로 큼직하게 만들어주면 아이가 손님을 초대하고 살림살이를 꾸리며 '우리 집 놀이'를 재미있게 할 거예요. 거실이나 방 안에 설치할 수도 있어요.

How to Make

- **소재**   캔버스 원단, 나무 봉
- **실물 크기**   밑면 118x118㎝, 높이 158㎝
- **준비물**   캔버스 원단 아이보리색 120x115㎝ 4장 / 남색 30x33㎝ 4장, 지름 1.8㎝ 나무 봉 180㎝ 4개, 지름 1.5㎝ 면끈(굵은 로프) 150㎝ 1줄

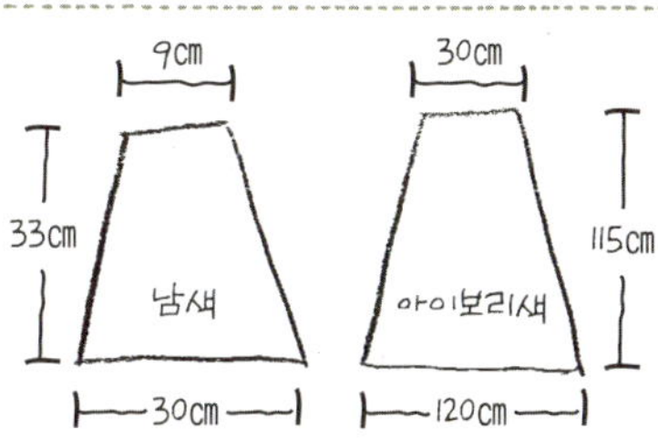

1 아이보리색과 남색 캔버스 원단을 그림과 같은 크기로 각각 4장씩 재단한다.

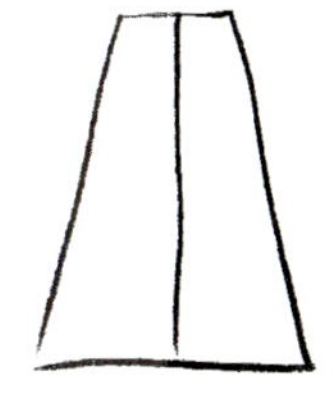

2 재단한 아이보리색 원단 1장을 그림과 같이 길이로 반 자른다.

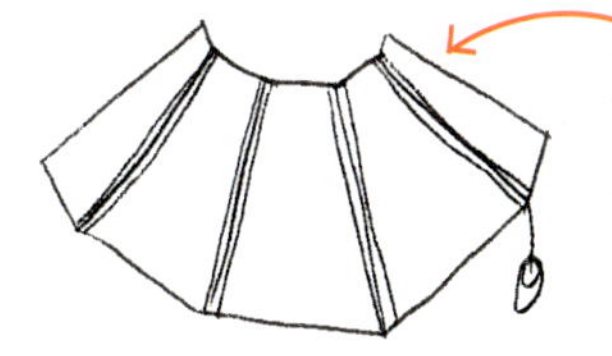

원단끼리 박음질할 때는 겉면끼리 마주보도록 겹쳐놓고 만나는 한쪽 면을 박음질한 다음 원단을 추가해가며 계속 이어가세요.

3 ②를 제외한 나머지 아이보리색 원단 3장을 박음질로 잇는다. 양쪽 끝에는 ②의 반쪽짜리 원단을 각각 박음질한다.

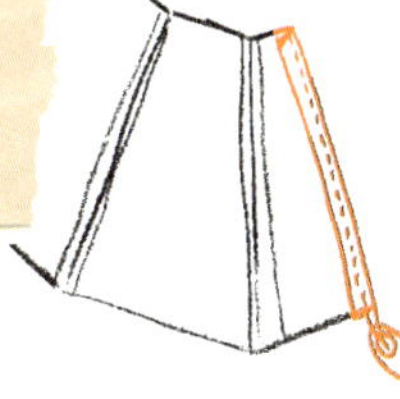

4 원단 양끝은 안으로 접어 말아박기한다.

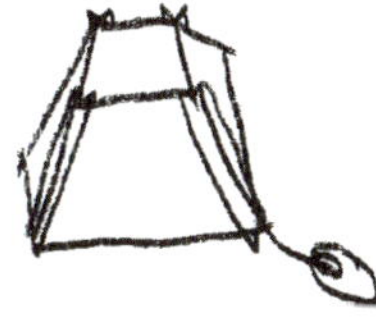

5 재단한 남색 원단 4장을 박음질로 이어 원통형으로 만든다.

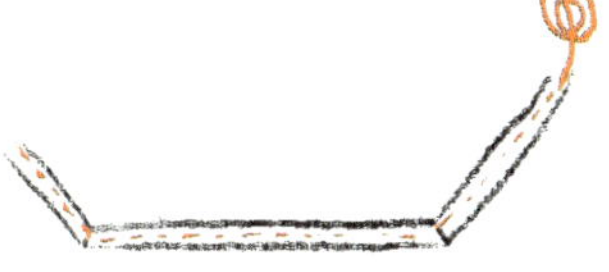

6 ④에서 만들어놓은 아이보리색 원단 위쪽으로 ⑤의 남색 원단을 놓고 박음질해 잇는다. 텐트의 위아래쪽은 원단을 안으로 접어 말아박기한다.

7 원단을 뒤집은 다음 모서리 네 군데에 나무 봉이 들어갈 공간을 남기고 박음질해 봉을 꽂을 자리를 만든다.

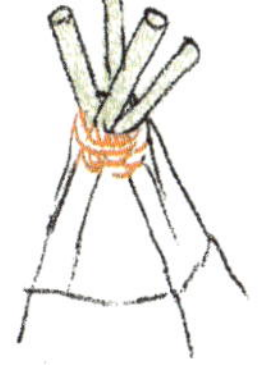

8 ⑦의 공간에 나무 봉을 각각 끼운 다음 위쪽을 서로 어긋나게 모아 로프로 단단하게 감아 완성한다.

77 캠핑 깃발

요즘은 캠핑장에도 개성 넘치는 아이디어 소품들이 넘쳐 나요.
아이 이름이나 가족만의 슬로건 등을 붙인 깃발도 있어요.
우리 텐트라는 영역 표시를 하는 거예요.

How to Make

- **소재**　　　캔버스 원단, 나무 봉
- **실물 크기**　가로 42㎝, 봉 길이 90㎝
- **준비물**　　지름 1.2㎝ 나무 봉 90㎝ 2개, 캔버스 원단 아이보리색 50x30㎝ 1장,
　　　　　　자투리 펠트 조금, 글루건

1 원단의 긴 면이 가로가 되도록 놓고 원단 위아래를 안으로 접어 말아박기한다.

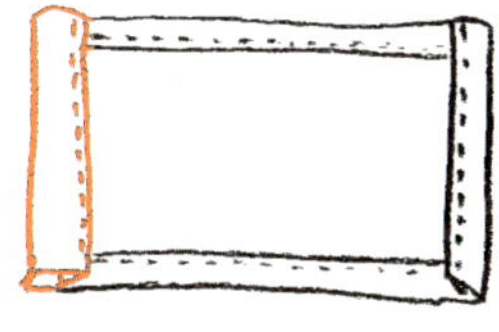

2 원단 양 옆면은 나무 봉이 들어갈 정도의 공간을 남기고 안으로 접어 말아박기한다.

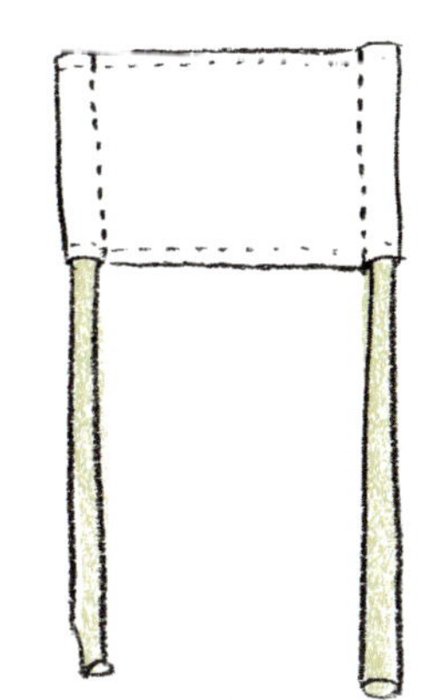

3 양 옆 공간에 나무 봉을 끼운다.

4 펠트로 원하는 글자를 오려 깃발 앞면에 글루건으로 붙인다.

78 캠핑 갈런드

텐트와 그늘막, 렌턴 걸이 등에 알록달록 갈런드를 걸어보세요.
아이와 함께 공간을 꾸미는 사이 아이의 감성이 풍부해지고 창의력도 쑥쑥
자라납니다. 파티 용품으로 실내에서 사용해도 좋아요.

How to Make

- **소재** 펠트
- **실물 크기** 밑면 12㎝, 높이 14㎝(삼각형 1개)
- **준비물** 두께 0.12㎝ 펠트(원하는 색) 12x14㎝ 여러 장, 면 레이스(삼각형 개수에 따라)

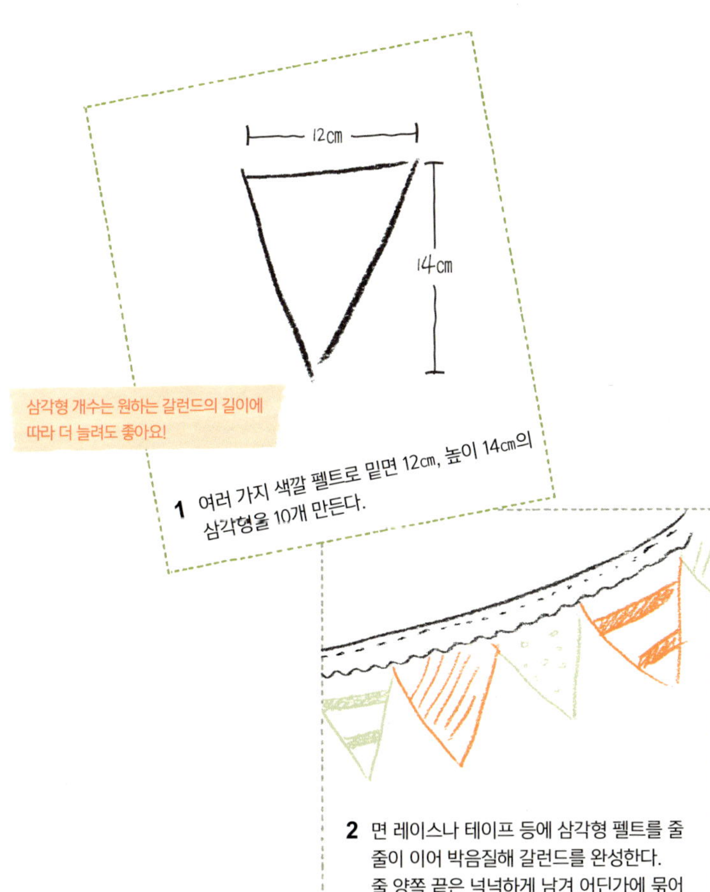

삼각형 개수는 원하는 갈런드의 길이에
따라 더 늘려도 좋아요!

1 여러 가지 색깔 펠트로 밑면 12㎝, 높이 14㎝의
삼각형을 10개 만든다.

2 면 레이스나 테이프 등에 삼각형 펠트를 줄
줄이 이어 박음질해 갈런드를 완성한다.
줄 양쪽 끝은 넉넉하게 남겨 어딘가에 묶어
고정시키기 쉽도록 한다.

79 모래놀이

아이가 가지고 놀던 모래놀이 세트가 지저분해졌다면 페인팅으로
리폼해보세요. 취향에 따라 원하는 컬러를 입히고 손잡이를 스티커
등으로 꾸미면 됩니다.

How to Make

- **소재**　　　모래놀이 기성제품(스틸 또는 플라스틱)
- **실물 크기**　기성제품 크기
- **준비물**　　집에 있는 모래놀이 기성제품, 젯소, 아크릴물감, 바니시, 샌드페이퍼

1　물감을 칠할 부분을 샌드페이퍼로 문질러
표면을 매끄럽게 다듬는다.

2　표면에 젯소를 칠한다.

3　젯소가 완전히 마르면 원하는 색 아크릴물감
을 칠한다.

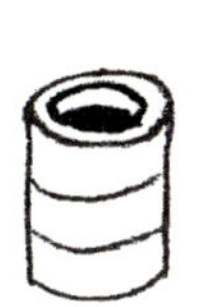

4　물감이 완전히 마른 다음 바니시를 칠해
마무리한다.

80 바람개비

색종이와 수수깡으로 만들던 바람개비의 업그레이드 버전이에요.
아이가 가지고 놀 장난감이니 날카로운 종이 끝을 반드시 둥글게 잘라주세요.

How to Make

- **소재**   종이, 나무 봉 또는 나뭇가지
- **실물 크기**   가로 26㎝, 세로 26㎝(날개 부분)
- **준비물**   무늬 있는 종이 21x21㎝ 1장, 두께 1.5㎝ 나무 봉 24㎝ 또는 굵은 나뭇가지 1개, 압정 1개

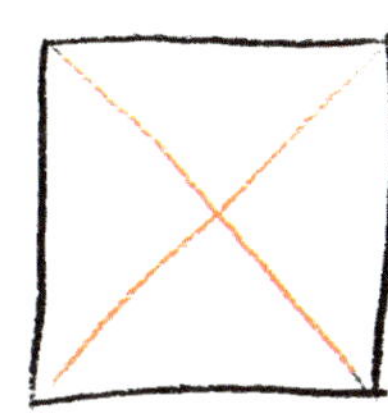

1 정사각형 종이 뒷면에 대각선으로 살짝 선을 긋는다.

2 각 모서리에서 2/3 지점까지(그림에 표시한 부분 참고) 칼로 자른다.

3 각 모서리의 갈리진 부분 중 한쪽씩을 가운데로 접어 내려 모은 다음 모양이 유지되도록 가운데에 압정을 꽂아 고정시킨다.

4 준비한 나무 봉 또는 나뭇가지에 ③의 압정을 꽂아 고정시킨다.

5 날개의 끝부분을 둥글게 잘라 완성한다.

81 장작 나르기

캠핑에서 장작을 나르는 도구를 흉내 내서 만든 아이용 장난감이에요.
집 안에서 캠핑놀이를 할 수도 있고 실제 캠핑에서 장작 2~3개쯤은 나를 수 있어요.

How to Make

- **소재**   캔버스 원단, 나무 봉 또는 나뭇가지

- **실물 크기**   가로 36㎝, 세로 18㎝,
  나무 봉 길이 24㎝

- **준비물**   캔버스 원단 38x20㎝ 1장, 지름 1.5㎝
  나무 봉 24㎝ 또는 굵은 나뭇가지 2개,
  패브릭용 크레용

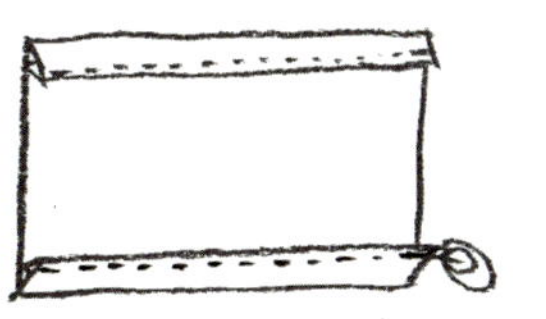

1   원단의 긴 면을 가로로 놓고 원단 위아래를
안으로 접어 말아박기한다.

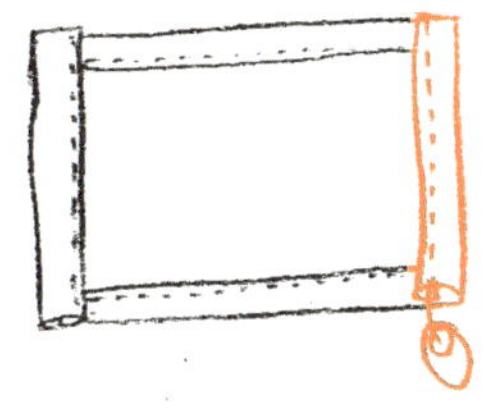

2   원단의 양 옆면에 나무 봉이 들어갈 공간
을 남기고 안으로 접어 말아박기한다.

3   원단 양 옆의 공간에 나무 봉을 끼워 넣는다.

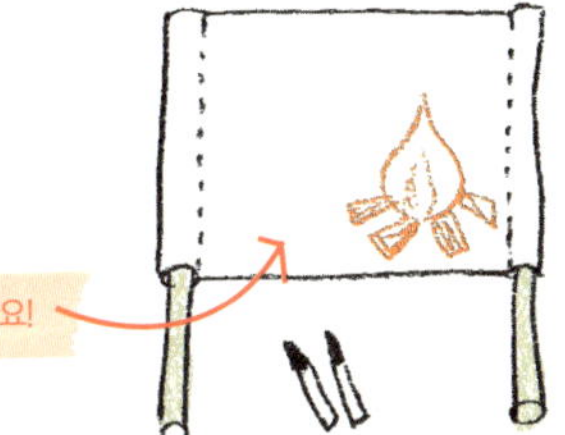

4   앞면에 패브릭용 크레용으로 원하는 그림을
그린다.

82 문패

텐트 입구에 걸어두는 문패예요.
아이 이름이나 가족의 닉네임을 지어 써서 걸어놓으면 즐거운 추억이 될 거예요.
칠판 시트지를 붙여 얼마든지 썼다 지울 수 있어요.

How to Make

- **소재** 나무, 칠판 시트지
- **실물 크기** 가로 36㎝, 세로 7㎝
- **준비물** 두께 1.2㎝ 삼나무 판 36x7㎝ 1장,
  칠판 시트지, 마끈 40㎝ 1줄,
  나사 2개, 바니시

1 36x7㎝로 재단한 나무 판에 바니시를 칠한다.

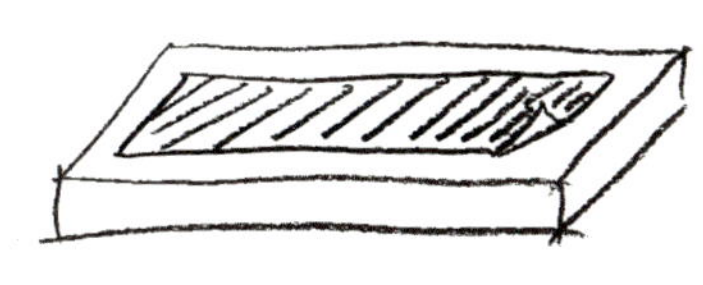

2 나무 판보다 사방 1㎝ 작게 칠판 시트지를
재단해 나무 판에 붙인다.

3 나무 판 뒷면에 나사 2개를 박는다.

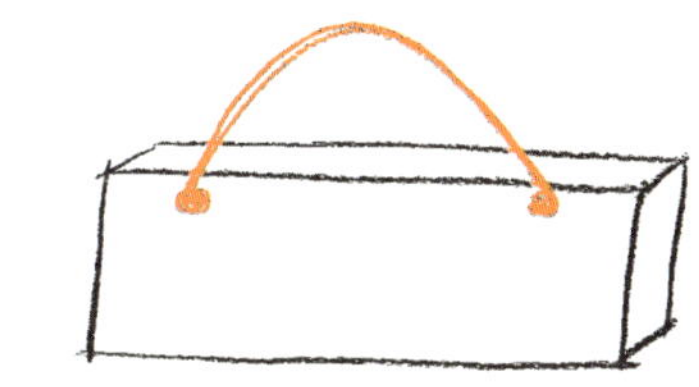

4 나사에 마끈을 묶어 완성한다.

83 피크닉매트

예쁜 돗자리 하나가 나들이 분위기를 더욱 즐겁게 만들어요.
코팅이 되어 있는 방수 원단을 구입해 아이가 앉을 만한 크기로 만들어보세요.
피부가 닿는 면은 면 소재를, 뒷면은 방수 원단을 사용하세요.

How to Make

- **소재** 라미네이트 코팅 원단
- **실물 크기** 가로 106㎝, 세로 86㎝
- **준비물** 무늬 원단 110x90㎝ 1장, 라미네이트 코팅 원단 110x90㎝ 1장

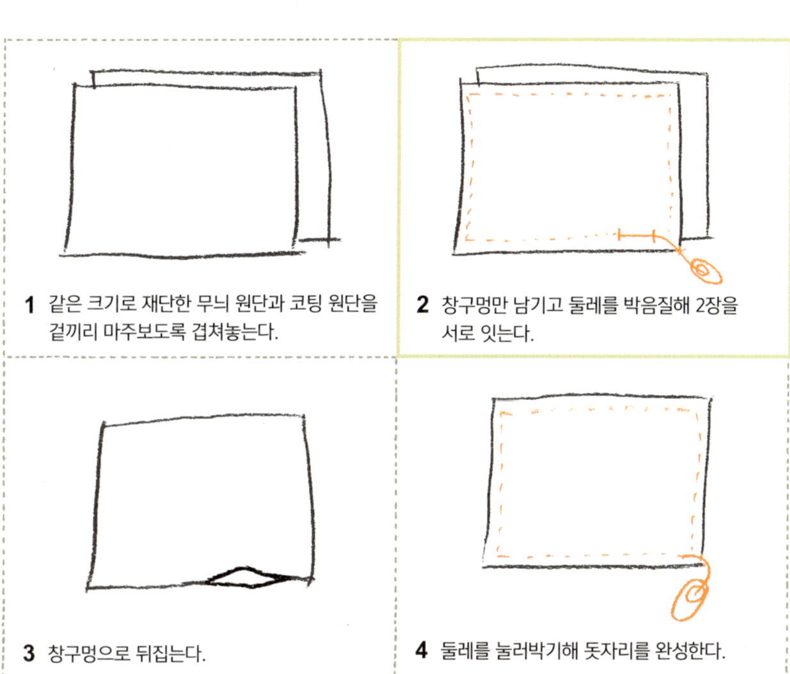

1 같은 크기로 재단한 무늬 원단과 코팅 원단을 겉끼리 마주보도록 겹쳐놓는다.

2 창구멍만 남기고 둘레를 박음질해 2장을 서로 잇는다.

3 창구멍으로 뒤집는다.

4 둘레를 눌러박기해 돗자리를 완성한다.

84 도시락주머니

직접 만든 도시락주머니에 담긴 정성 가득한
도시락은 세상에서 가장 따뜻하고 맛있는 밥
이에요. 솜씨를 조금만 발휘하면 이렇게 또
한 번 사랑을 전할 수 있어요.

How to Make

- **소재**   면 원단, 보온보냉 원단
- **실물 크기**   밑면 22x16㎝, 높이 10㎝
- **준비물**   아이보리색 원단 40x40㎝ 1장,
  무늬 원단 45x45㎝ 직삼각형 2장,
  보온보냉 원단 40x40㎝ 1장

1 40x40㎝의 아이보리색 원단을 겉끼리 마주
보도록 반으로 접은 다음 양 옆면을 박음질
한다.

2 양쪽 모서리는 그림과 같이 삼각형이 되도록
접어 박음질한다. 이때 삼각형 밑면 길이가
8㎝ 되는 지점에서 접도록 하고 박음질 후
모서리에 남은 원단은 잘라낸다.

3 보온보냉 원단으로도 ①~②의 과정을 따라
바느질한다.

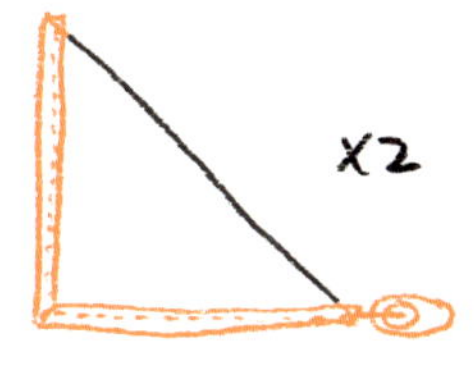

4 삼각형으로 재단한 무늬 원단의 45㎝ 길이 옆
면 두 곳을 그림과 같이 안으로 접어 말아박기
한다. 나머지 1장도 같은 방법으로 만든다.

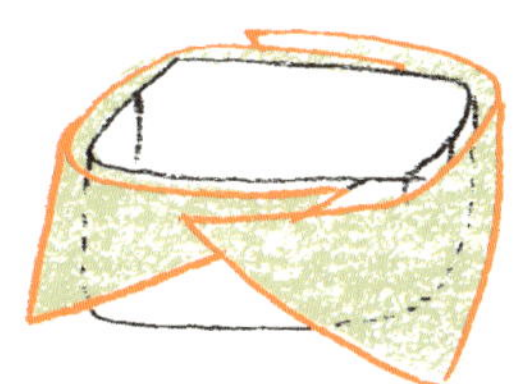

5 ②에서 만든 사각 바구니 모양 원단의 겉면에
④의 삼각형 원단 2장을 그림과 같이 교차시
켜 자리 잡은 다음 박음질로 고정시킨다.
이때 삼각형 원단의 겉면과 바구니의 겉면이
서로 마주보도록 한 상태로 바느질한다.

6 뒷면이 보이는 보온보냉 원단 바구니 안에
앞면이 밖으로 나온 ⑤의 바구니를 집어
넣고 창구멍을 제외한 둘레를 박음질한다.

7 창구멍으로 뒤집고 둘레를 눌러박기해
마무리한다.

85 동물쿠션

캠핑을 떠나면 잠자리가 바뀌기 때문에 특히 아이가 있는 집에는 침구가 매우 중요해요.
텐트 안이 낯설지 않도록 아이가 평소 좋아하는 베개나 이불을 가져가세요.
엄마가 만든 귀여운 동물쿠션도 챙겨요.

How to Make

- **소재**　벨루어 원단
- **실물 크기**　가로 26㎝, 세로 24㎝, 두께 7㎝
- **준비물**　아이보리색 벨루어 원단 60x60㎝ 1장, 자투리 펠트 조금, 색실, 구름솜

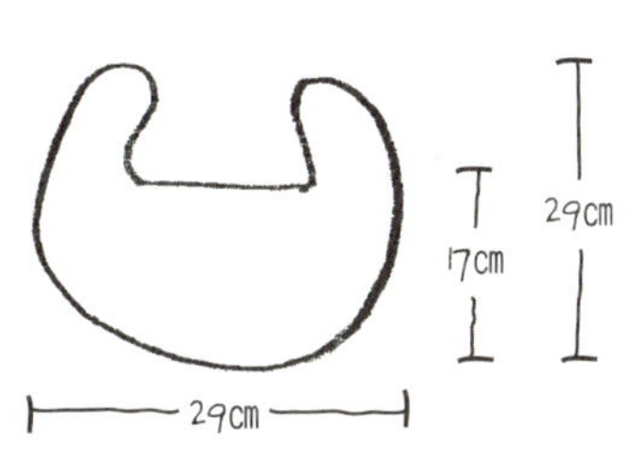

1 벨루어 원단 뒷면에 고양이 얼굴 모양 밑그림
을 그려 2장을 재단한다.

2 고양이 얼굴 1장의 앞면에 자투리 펠트로 눈
과 코를 오려 붙이고 색실로 스티치해 수염을
만든다.

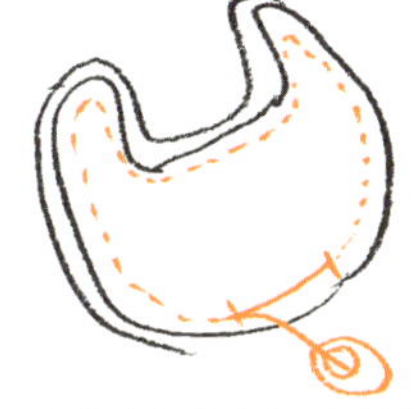

3 ②의 원단과 나머지 1장의 원단을 겉끼리
마주보도록 겹쳐놓고 창구멍을 제외한
둘레를 박음질한다.

4 창구멍으로 뒤집고 솜을 넣어 고르게 채운다.

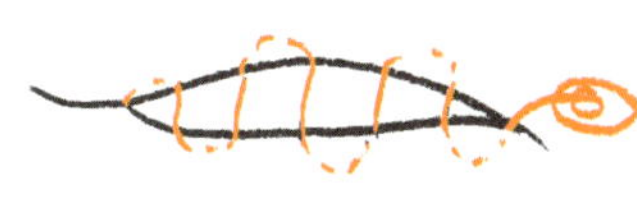

5 창구멍은 공그르기로 막아 쿠션을 완성한다.

PART
6
패션 소품

86 조개목걸이

바닷가에 놀러갔을 때 주워온 조개껍데기로 목걸이를 만들어보세요.
색실을 연결하면 실제로 사용할 수 있는 액세서리가 됩니다.
조금만 둘러보면 우리 주위에 핸드메이드 소재로 활용할 것들이 참 많아요.

How to Make

- **소재**　　　조개껍데기, 색실
- **실물 크기**　끈 길이 100㎝
- **준비물**　　조개껍데기 9~10개, 색실 100㎝ 1줄

1 조개껍데기에 드릴로 작은 구멍을 뚫는다.

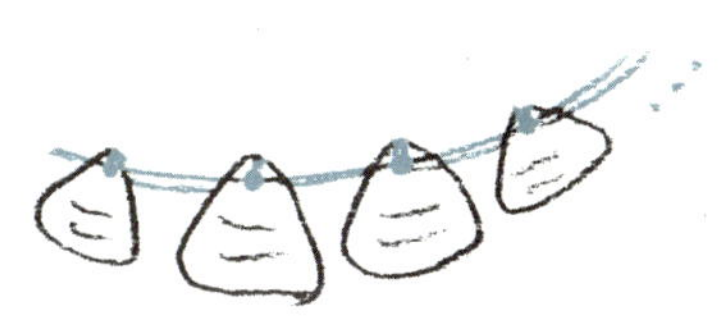

2 조개껍데기 구멍에 실을 꿰어 하나씩 묶어가며
연결한다. 조개껍질 사이사이 적당한 간격을
두고 배열한다.

3 실 양끝을 리본 모양으로 묶으면 예쁜 목걸이가
완성된다.

87 세 친구 브로치

이 브로치는 음료수 병뚜껑을 리폼해 만들었어요.
뚜껑에 리넨 원단을 씌우고 사랑스러운 아이들 표정을 스티치했어요.
스웨터나 코트에 예쁘게 달아주세요.

How to Make

- **소재**　　병뚜껑, 면 원단, 털실
- **실물 크기**　병뚜껑 크기
- **준비물**　음료수 병뚜껑(스틸 소재 유리병 뚜껑) 3개, 자투리 면 원단, 빨간색·검정색 실, 검정색 털실,
　　　　　DIY용 브로치 핀대 3개, 글루건

1 병뚜껑 3개를 준비해 깨끗이 씻어 완전히
말린다. 병뚜껑을 완전히 감쌀 수 있는 크기
로 원단을 동그랗게 재단한다.

2 각각의 원단 앞면에 색실로 스티치해 눈,
코, 입을 만든다.

3 원단 뒷면에 병뚜껑을 올려놓고 연필로 라인을
그리고 라인 바깥쪽으로 듬성듬성 홈질한다.

4 실 끝을 당긴다. 매듭은 짓지 않는다.

5 원단 안에 병뚜껑을 넣고 실을 끝까지 당겨
완전히 감싼 다음 매듭짓는다.

6 털실을 적당한 길이로 잘라 3개의 브로치에
각각 다른 스타일로 붙여 꾸민다. 브로치 뒷면
에 글루건으로 브로치 핀대를 붙여 완성한다.

88 꽃 두 송이 헤어핀

아이와 엄마가 함께 사용하는 액세서리에요.
컬러 조합을 멋지게 해 세트로 만들어도 좋아요.
리본이 망가져 핀대만 남은 기존 제품을 리폼해서 만들어보세요.

How to Make

- **소재** 펠트, 핀대
- **실물 크기** 가로 11㎝, 세로 6㎝
- **준비물** 두께 0.12㎝ 연분홍색 펠트 45x5㎝ 1장 / 연회색 펠트 45x5㎝ 1장,
  핀대 1개, 글루건

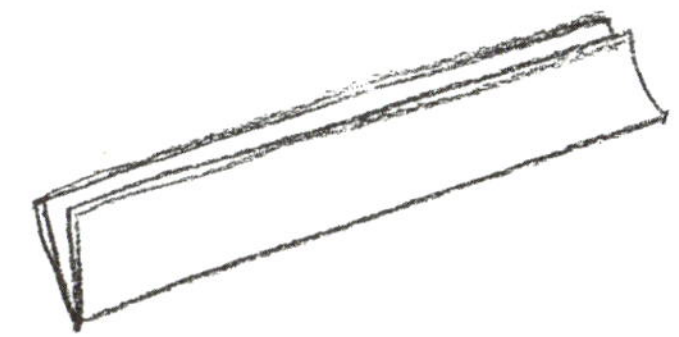

1 펠트 1장을 길이로 반 접는다.

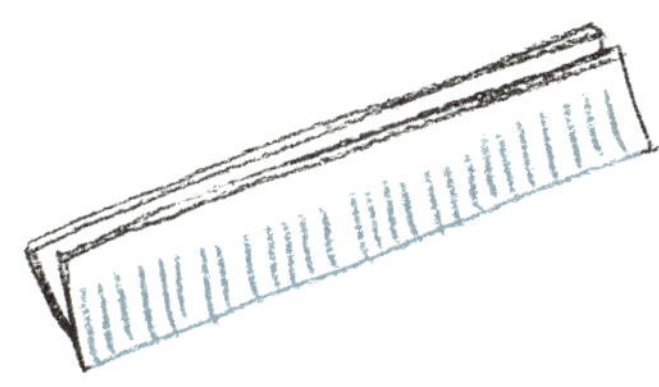

2 접힌 부분에 잘게 가윗집을 낸다.

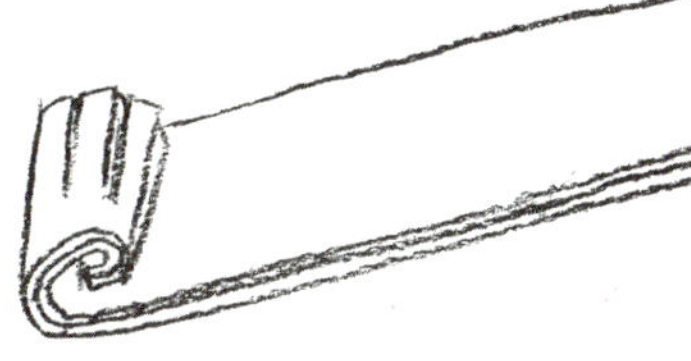

3 끝부분부터 돌돌 말아 다른 한쪽 끝과 만나면
글루건으로 붙여 동그랗게 만든다.

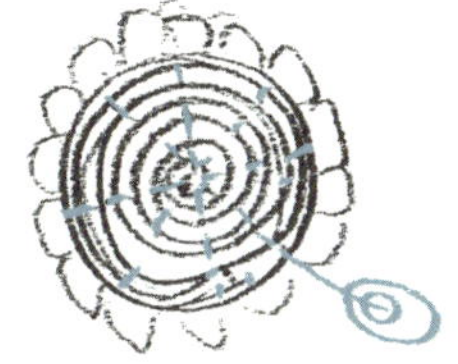

4 뒷면에 그림의 점선을 따라 바느질해 동그란
꽃모양을 고정시킨다. 나머지 1장의 펠트로도
같은 방법으로 만들어 꽃 2개를 완성한다.

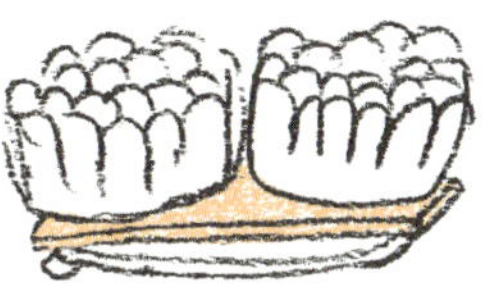

5 핀대에 글루건으로 펠트 꽃 2개를 나란히
붙여 핀을 완성한다.

89 구슬 팔찌

문구점이나 액세서리 DIY 재료를 파는 곳에
서 나무 구슬을 쉽게 구할 수 있어요. 아이와
함께 구슬을 예쁘게 칠하고 줄에 꿰어 아이
손목에 꼭 맞는 팔찌를 만들어보세요.

How to Make

- **소재**　　　나무 구슬
- **실물 크기**　지름 8㎝
- **준비물**　　지름 1㎝ 나무 구슬 15알, 우레탄 줄, 순간접착제, 아크릴물감, 바니시

1 나무 구슬을 아크릴물감으로 알록달록하게
칠한다.

2 물감이 완전히 마르면 바니시를 칠한다.

3 우레탄 줄에 색칠한 나무 구슬 15개를 차례로
끼운다.

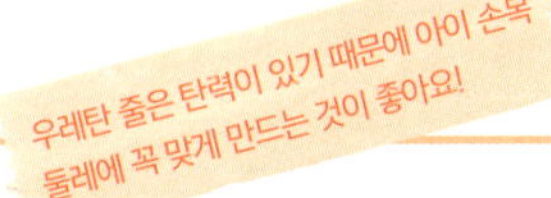

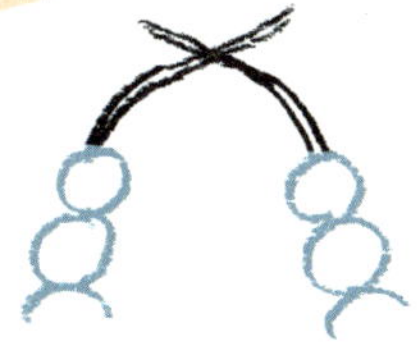

4 우레탄 줄 양끝을 2~3번 묶어 매듭짓고 순간
접착제로 한 번 더 고정시킨 다음 남은 줄은
잘라낸다.

90 헤어밴드

헤어 액세서리를 만들 수 있는 DIY용 재료를 활용했어요.
기성품보다 엄마 손으로 만든 액세서리에 아이는 훨씬 더 애착을 느껴요.
여러 개 만들어 아이 친구들에게도 선물하세요.

How to Make

- **소재**   펠트, 헤어밴드대
- **실물 크기**   아이용 헤어밴드 크기
- **준비물**   헤어밴드대(철사) 1개, 가는 면끈, 두께 0.12㎝ 펠트 19x4㎝ 1장, 폭 2.5㎝ 검정색 골지 리본테이프 2㎝ 2장, 글루건

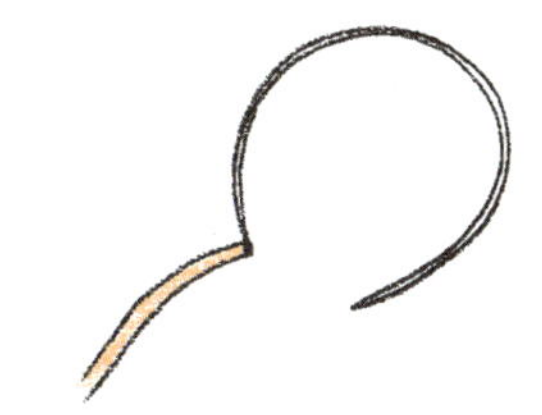

1 철사 소재의 헤어밴드대 끝에 면끈을 글루건으로 고정시킨다.

2 끈을 돌려 감아가며 헤어밴드대를 끝까지 감싼 다음 끝부분을 글루건으로 고정시킨다

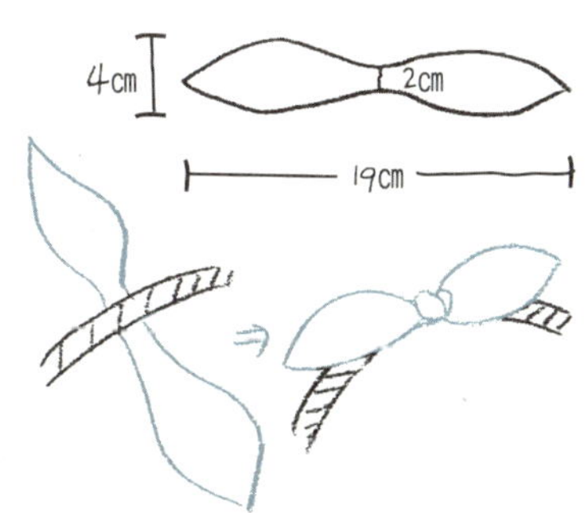

3 그림과 같이 재단한 펠트를 헤어밴드 아래쪽에서 위로 올려 리본 모양으로 묶는다.

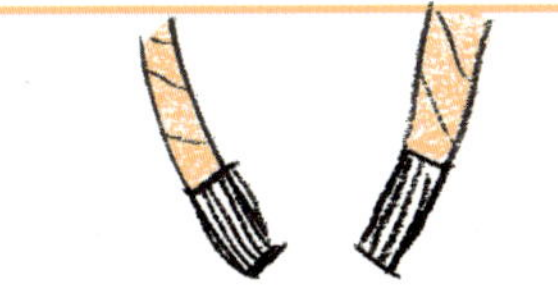

4 헤어밴드 양쪽 끝부분에 골지 리본테이프를 둘러 감싸 글루건으로 붙인다.

91 고깔모자

파티 소품에 빠질 수 없는 아이템이지요.
생일날 케이크에 촛불을 켜고 두 손 모아 소원을 비는 꼬마에게 씌울 거예요.
방울과 구슬 장식은 마음껏 변화를 주세요.

How to Make

- **소재**　　펠트
- **실물 크기**　밑면 지름 12㎝, 높이 18㎝
- **준비물**　두께 0.12㎝ 파랑색 펠트 30x20㎝ 1장 / 하늘색 펠트 30x20㎝ 1장,
　폭 1㎝ 공단리본테이프 30㎝ 4줄, 구슬 장식(구멍 뚫린 것), 펠트 방울 2개, 글루건

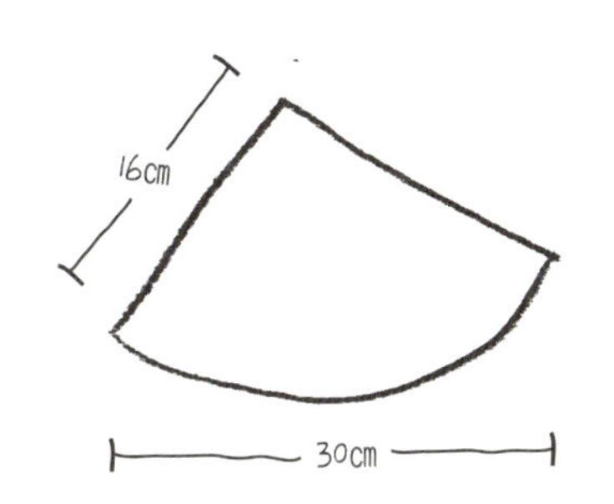

1 펠트 2장에 각각 그림과 같이 밑그림을 그려
오린다.

2 꼭짓점을 중심으로 펠트를 둥글게 말아 양
옆면이 겹쳐지는 부분을 바느질로 연결한다.

3 모자의 뾰족한 곳에 글루건으로 펠트 방울을
붙인다.

4 작은 플라스틱 구슬 장식을 실로 꿰매 고깔을
장식한다.

5 모자 입구 부분 양옆에 리본테이프가 들어갈
만한 길이의 칼집을 낸다. 리본테이프를 각각
1줄씩 끼워 안쪽에서 글루건으로 붙여 고정
시킨다.

 # 나비넥타이

꼬마신사를 위한 액세서리를 하나 만들어볼까요? 원단을 바느질해 만들어도 좋겠지만 펠트를 이용하면 정말 간단하게 근사한 나비넥타이가 완성돼요. 색색가지로 만들어 옷에 따라 골라 쓰세요.

How to Make

- **소재** 펠트
- **실물 크기** 가로 9㎝, 세로 4㎝
- **준비물** 두께 0.3㎝ 펠트 20x4㎝ 1장, 두께 0.12㎝ 펠트 7x1.5㎝ 1장, 폭 0.8㎝ 면끈 40㎝ 1줄, 양면테이프, 빵 철사, 글루건

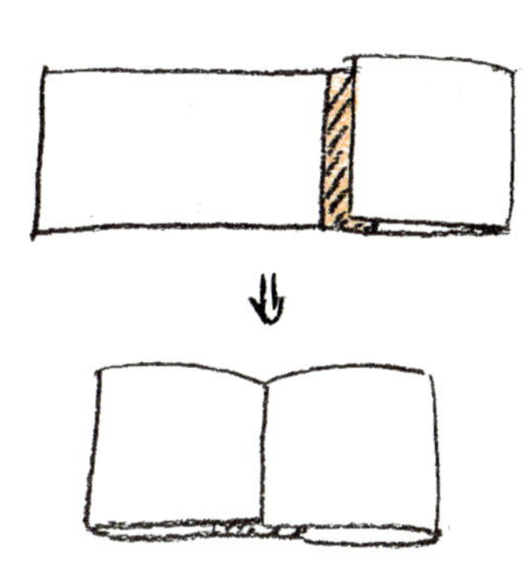

1 20x4㎝로 자른 펠트 가운데에 양면테이프를 붙이고 양옆을 접어 양면테이프 위에 고정시킨다.

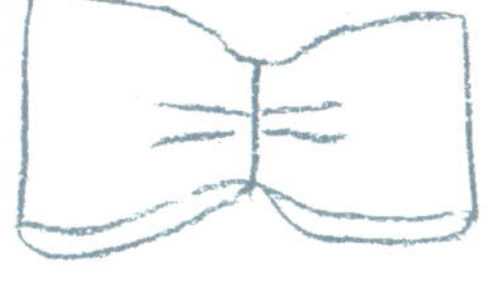

2 직사각형으로 접은 펠트 가운데 부분에 주름을 잡고 빵 철사로 묶어 고정시킨다.

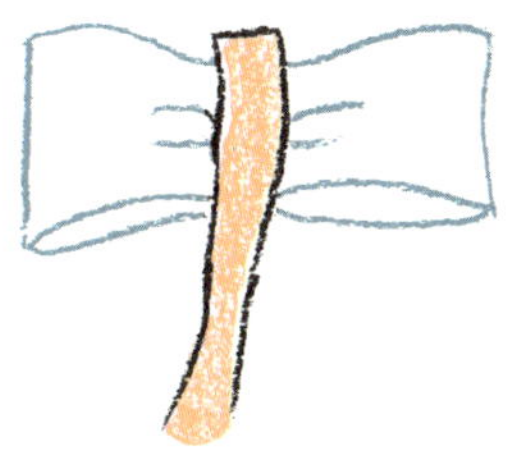

3 7x1.5㎝의 펠트로 철사를 감싸 뒤쪽에서 글루건으로 고정시킨다.

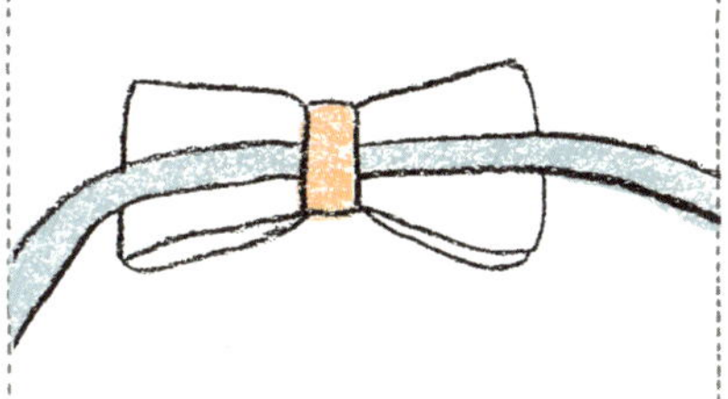

4 면끈을 끼워 나비넥타이를 완성시킨다.

93 미니 왕관

반짝이가 붙어 있는 펠트가 있어요. 펠트 한쪽 면에 반짝이가 붙어 있는 원단이에요.
이것만 있으면 왕관쯤은 눈 깜짝할 사이에 만들 수 있어요.
반짝이 구두와 함께 완벽한 파티 룩을 연출해보세요.

How to Make

- ●**소재**   글리터 펠트
- ●**실물 크기**   밑면 지름 8㎝, 높이 7㎝
- ●**준비물**   두께 0.3㎝ 글리터 펠트 29x7㎝ 1장, 지름 0.1㎝ 고무줄 30㎝ 1줄, 글루건

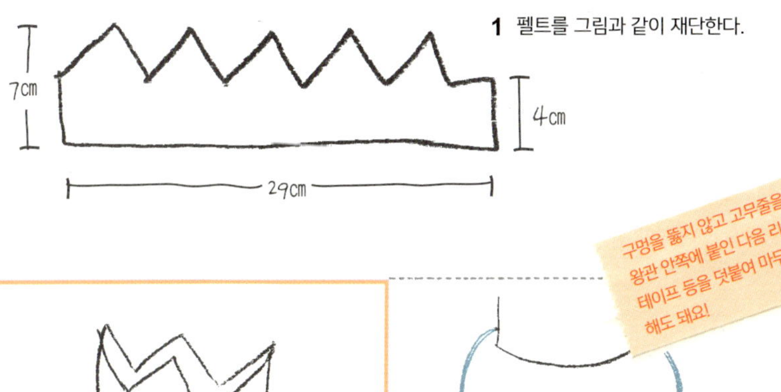

1 펠트를 그림과 같이 재단한다.

2 펠트를 둥글게 말아 양 옆면이 만나는 곳을
글루건으로 고정시킨다.

3 펠트 끝에 작은 구멍을 뚫어 고무줄을 끼운
다음 안쪽에서 매듭을 지어 고정시킨다.

94 열쇠목걸이

새 모양 안쪽에 열쇠고리가 달려 있어서 열쇠나
그 밖의 소지품을 걸어 다닐 수 있는 목걸이에요.
원단 부분이 마치 뚜껑처럼 위아래로 움직이며
열쇠고리를 커버해줍니다.

How to Make

- **소재**　　면 원단
- **실물 크기**　가로 10㎝, 세로 7㎝(새)
- **준비물**　겉감(무늬 원단) 15x10㎝ 2장, 안감(아이보리색 원단) 15x10㎝ 2장, 면끈, 나무 구슬 1개, 열쇠고리 링 1개

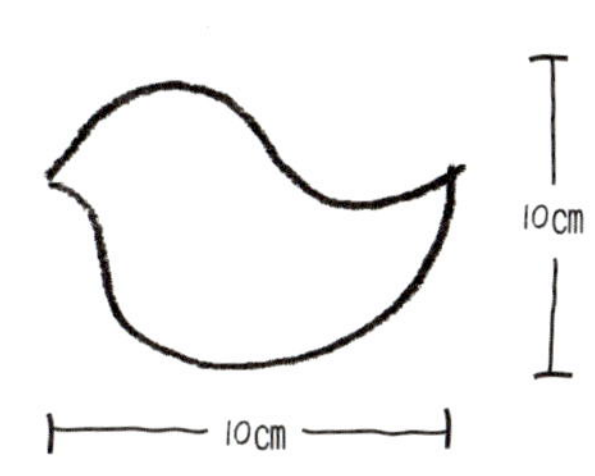

1 겉감과 안감 모두 그림과 같은 새 모양으로 2장씩 재단한다. 시접 0.5㎝의 여유를 두고 자른다.

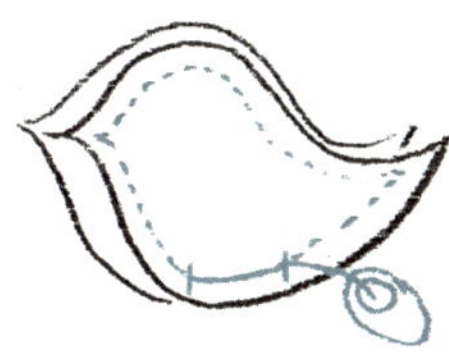

2 겉감 1장과 안감 1장씩을 겉끼리 마주보도록 겹쳐놓고 창구멍을 제외한 둘레를 박음질한다.

3 창구멍으로 뒤집고 창구멍은 공그르기로 마무리한다. 나머지 겉감 1장과 안감 1장도 같은 방법으로 만든다. 이렇게 해서 앞뒷면이 다른 원단으로 된 새 모양이 2장 완성된다.

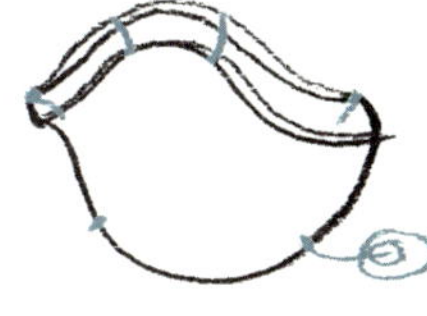

4 2개의 새 모양을 안감끼리 마주보도록 겹쳐 놓고 실로 한 땀씩 중간 중간 꿰매 연결한다.

끈은 아이에게 알맞은 길이로 준비하세요!

5 끈을 반으로 접은 다음 새의 위에서부터 아래로 끼운다. 가운데 접힌 부분이 아래로 향하도록 한다.

6 끈 아래쪽에 열쇠고리 링을 매달고 위쪽에 남아 있는 끈에는 나무 구슬을 1개 끼운 다음 묶어서 목걸이를 완성한다.

95 동전지갑

도톰한 펠트를 이용한 동전지갑이에요.
다양한 무늬의 펠트를 이용하면 예쁜
액세서리를 만들 수 있지요. 아이가 동
전이나 반지 등 작은 소지품을 넣을 때
사용하도록 만들어주세요.

How to Make

- **소재**　　무늬 펠트
- **실물 크기**　10x10㎝ 정삼각형
- **준비물**　두께 0.3㎝ 무늬 펠트 25x10㎝ 1장, 똑딱단추 2쌍

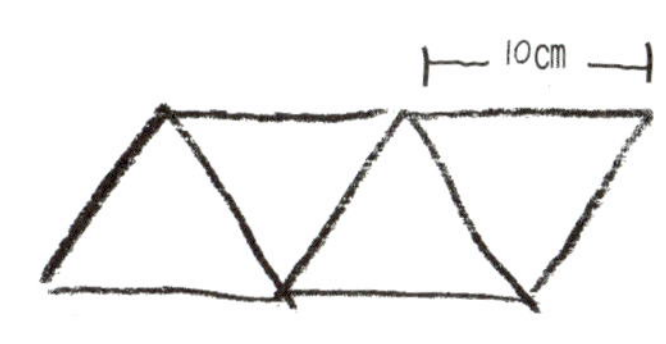

1 펠트 뒷면에 그림과 같이 한 면이 10㎝인
정삼각형을 이어 그린다.

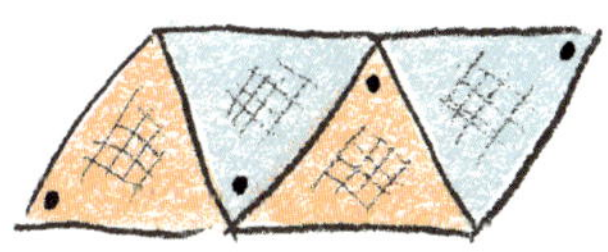

2 선을 따라 접고 서로 만나는 부분에 단추를
달 위치를 각각 표시한다.

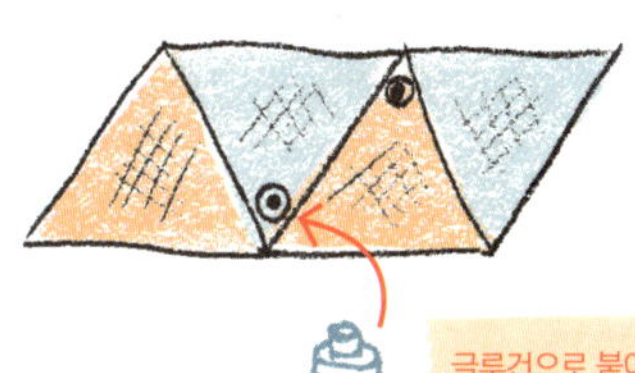

3 안쪽으로 들어간 삼각형 모서리 두 군데에
똑딱단추의 뾰족 올라온 쪽을 각각 붙인다.

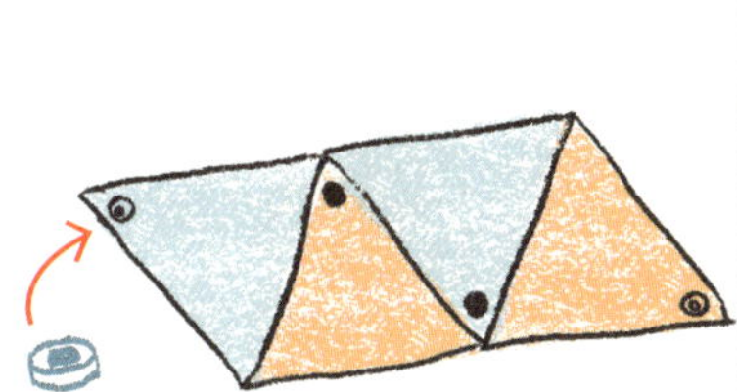

4 바깥쪽으로 나온 삼각형 모서리 두 군데에는
똑딱단추의 홈이 파진 쪽을 각각 붙인다.

5 펠트를 접어 단추를 눌러 끼워 삼각형 지갑을
완성한다.

96 주머니배낭

아이들은 외출할 때 자기가 아끼는 인형이나 장난감을 가지고 나가는 걸 좋아해요.
엄마 가방에 짐을 싸기도 하지요.
주머니 모양으로 간단하게 아이 몸집에 맞는 배낭을 만들어주세요.

How to Make

- **소재**　　면 원단
- **실물 크기**　가로 20㎝, 세로 29㎝
- **준비물**　　회색 면 원단 21x33㎝ 2장 /
　　　　　　4.5x6㎝ 2장,
　　　　　　지름 1.5㎝ 면끈 140㎝ 2줄

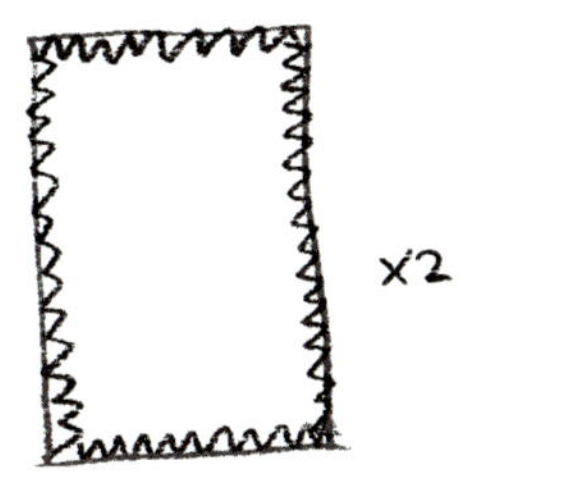

1 크기대로 준비한 원단의 사방을 오버로크한다.

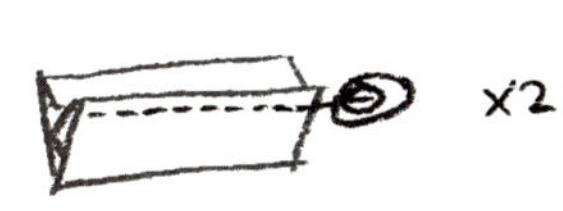

2 4.5x6㎝ 크기 원단의 긴 쪽 양면을 안쪽으로
접어 말아박기한다. 2장 모두 바느질해 가방
끈 걸이 2개를 만든다.

3 21x33㎝ 크기 원단 2장을 겉끼리 마주보도록
겹친 다음 아래쪽 양옆에 ②의 가방 끈 걸이를
반으로 접어 각각 끼운다.

4 위쪽의 입구에서 5㎝ 떨어진 곳에서부터 옆면
과 아랫면을 둘러가며 박음질한다.

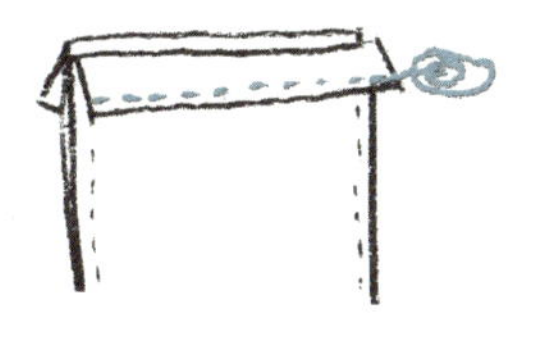

5 남겨두었던 입구 부분은 각각 바깥쪽으로
접어 말아박기한다. 박음질한 안쪽으로 가방
끈이 들어갈 정도의 공간이 남게 된다.

6 원단을 뒤집어 가방 모양을 완성한다. 다
양한 장식으로 꾸며도 좋다.

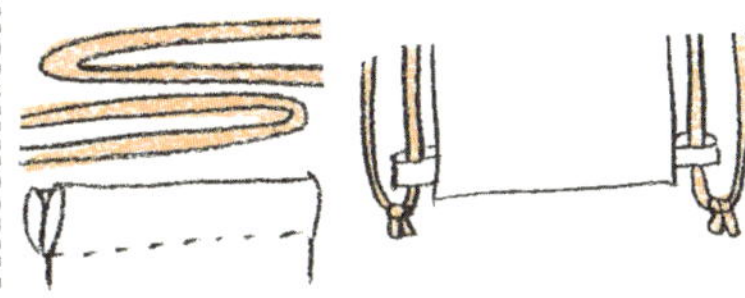

7 면끈을 그림과 같이 서로 엇갈리게 하여 양쪽
에서 가방 입구에 끼운 다음 아래로 내려 양쪽
가방 끈 걸이를 통과시킨다. 끈은 각각 매듭지
어 마무리한다.

97 크로스백

조각천을 이용해서 만들 수
있어요. 아이가 맬 가방이라
크기가 작아도 되기 때문에
남은 원단이나 아이가 입다
작아진 블라우스 등을 모아
만들어도 됩니다.

How to Make

- **소재**　　조각 원단 또는 재활용 옷
- **실물 크기**　가로 10㎝, 세로 16㎝
- **준비물**　걸감(무늬 원단) 12x18㎝ 2장, 안감(갈색 원단) 12x18㎝ 2장,
　　　　　지름 0.5㎝ 면끈 100㎝ 1줄, 레이스

1 무늬 원단 1장의 겉면에 레이스를 박음질해
꾸민다.

2 ①과 나머지 무늬 원단 1장을 겉끼리 마주보
도록 겹쳐놓고 윗면을 제외한 나머지 둘레를
박음질한다.

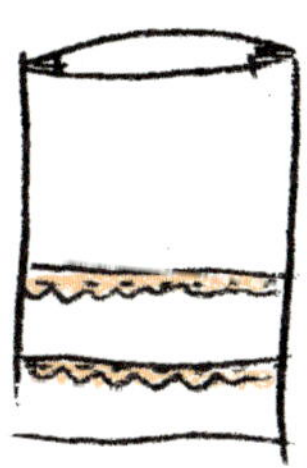

3 겉감을 뒤집는다.

4 안이 겉으로 나와 있는 상태의 안감 안에
③의 겉감을 집어넣고 양옆에 끈 양쪽 끝을
끼운다.

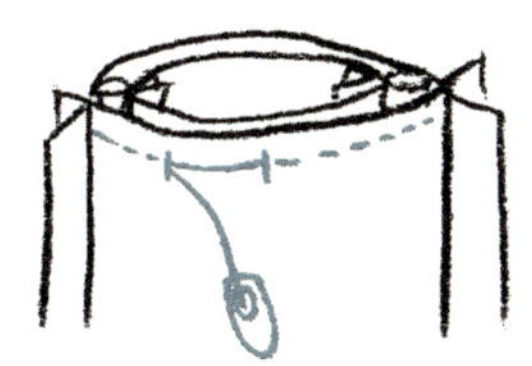

5 창구멍만 남기고 가방 위쪽의 입구 둘레를
박음질한다.

6 창구멍으로 뒤집어 겉감의 겉이 밖으로
나온 가방을 만들고 창구멍은 공그르기로
마무리한다.

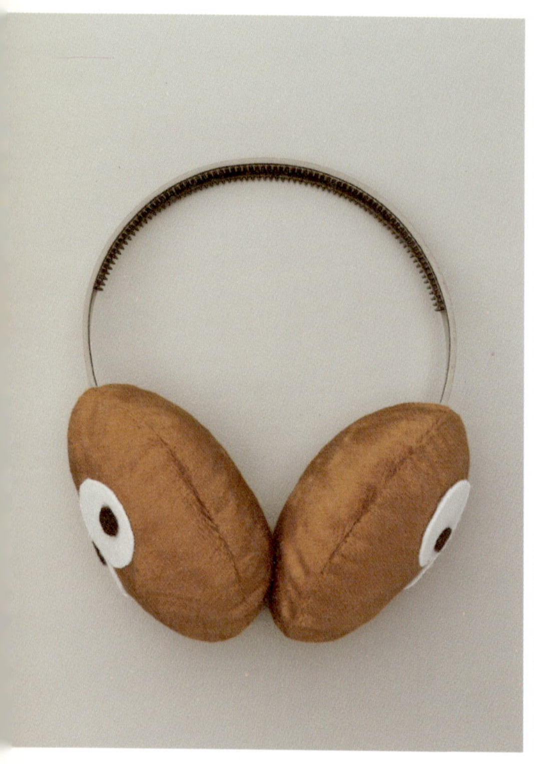 

98 겨울용 **귀마개**

한겨울에는 외출할 때 귀마개가 꼭 필요해요.
하지만 아이들은 귀마개가 답답해서 쓰지 않으려고 하지요.
귀여운 얼굴 모양으로 만들어주면 잘 쓰고 다닐 거예요.

How to Make

- **소재** 벨루어 원단, 헤어밴드대
- **실물 크기** 원 지름 9㎝
- **준비물** 갈색 벨루어 원단 지름 10.5㎝ 4장, 플라스틱 헤어밴드대 1개, 지름 9㎝ 플라스틱 판 2개,
자투리 펠트, 구름솜, 글루건

1 헤어밴드대 양쪽 끝에 동그란 플라스틱 판을
글루건으로 붙인다.

2 동그랗게 재단한 벨루어 원단 2장을 겉끼리
마주보도록 겹쳐놓고 창구멍(3~4㎝)을 제외한
둘레를 박음질한다.

3 창구멍으로 뒤집은 다음 ①의 플라스틱 판에
씌운다.

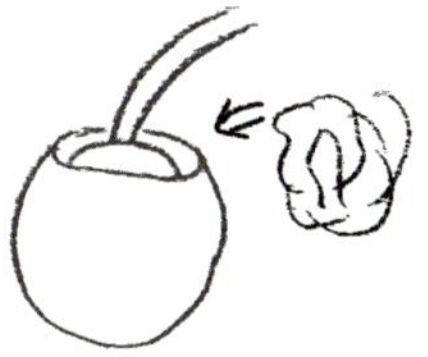

4 원단 안으로 구름솜을 넣어 볼륨 있게 채우고
남겨두었던 창구멍은 공그르기로 마무리한다.
나머지 한쪽도 같은 방법으로 만든다.

5 양쪽 귀마개에 펠트로 눈을 만들어 붙인다.

99 액세서리 보관함

과자가 들어 있던 틴 케이스로 만들었어요.
헤어핀, 반지, 목걸이 등을 수납하는 보관
함이지요. 손잡이를 달아 사랑스러운 손가
방처럼 보여요.

How to Make

- **소재** 틴 케이스
- **실물 크기** 밑면 지름 19㎝, 높이 9㎝
- **준비물** 틴 케이스(양철 쿠키 통), 스틸 손잡이(DIY용 기성제품), 레이스, 젯소, 아크릴물감, 바니시, 샌드페이퍼, 양면테이프, 나사

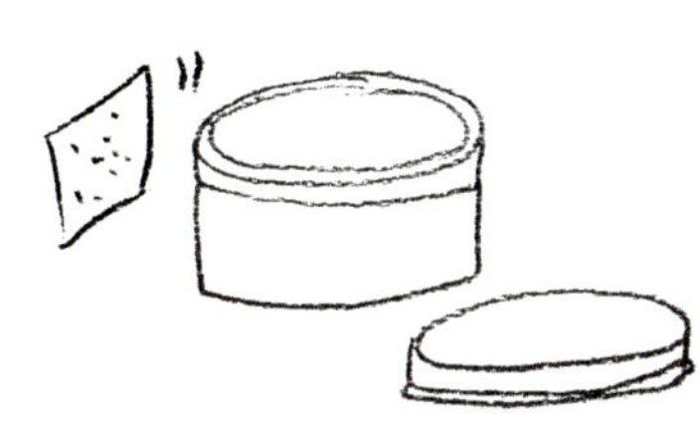

1 양철 소재 쿠키 통의 본체와 뚜껑 겉면을 샌드페이퍼로 문질러 고르게 다듬는다.

이때 뚜껑이 덮여 맞물리는 본체 부분에는 물감을 칠하지 마세요. 물감을 칠하면 두께가 생겨 뚜껑을 여닫을 때 빡빡할 수 있어요.

2 겉면 전체에 젯소를 칠한다.

3 젯소가 완전히 마르면 젯소 위에 원하는 색깔 아크릴물감을 칠한다. 아크릴물감이 완전히 마르면 바니시를 칠해 마무리한다.

4 뚜껑 가운데에 송곳이나 전동드릴로 작은 나사가 들어갈 만한 구멍을 뚫고 손잡이를 달아준다.

5 보관함 둘레에 양면테이프를 둘러 붙이고 그 위에 레이스를 붙여 장식한다.

handmade series 1
엄마 손으로 만든 장난감 99

ⓒ장지수, 2014

초판 1쇄 발행일 2014년 12월 15일

지은이 장지수
펴낸이 윤은숙
기획 · 편집책임 이희원
디자인 윤미정
사진 박건상 gunpark1@gmail.com
마케팅 석철호 나다연 옥찬미
관리 구법모 엄철용

펴낸 곳 (주)느림보
등록일자 1997년 4월 17일
등록번호 제10-1432호
주소 경기도 파주시 회동길 198
전화 편집부 031-955-7383 영업부 031-955-7374
팩스 031-955-7393
홈페이지 www.nurimbo.co.kr

이 책의 글과 사진의 일부 또는 전부를 재사용하려면 반드시 저작권자와 (주)느림보 양측의 동의를 얻어야 합니다.
책값은 뒤표지에 있습니다.

ISBN 978-89-5876-189-1 14590
        978-89-5876-190-7 (세트)

이 도서의 국립중앙도서관 출판시도서목록(CIP)은 e—CIP 홈페이지 (http://www.nl.go.kr/ecip)와
국가자료공동목록시스템(http://nl.go.kr/kolisnet)에서 이용하실 수 있습니다.
(CIP제어번호 : CIP2014035254)